Lynnete Oimbo
Elmada Auma
Caleb Othieno

Purslane (Portulaca Oleracea) para fitorremediação de solos salinos

Lynnete Oimbo
Elmada Auma
Caleb Othieno

Purslane (Portulaca Oleracea) para fitorremediação de solos salinos

ScienciaScripts

Imprint

Cover image: www.ingimage.com

This book is a translation from the original published under ISBN 978-3-659-86888-7.

Publisher:
Sciencia Scripts
is a trademark of
Dodo Books Indian Ocean Ltd. and OmniScriptum S.R.L publishing group

120 High Road, East Finchley, London, N2 9ED, United Kingdom
Str. Armeneasca 28/1, office 1, Chisinau MD-2012, Republic of Moldova, Europe
Managing Directors: Ieva Konstantinova, Victoria Ursu
info@omniscriptum.com

Printed at: see last page
ISBN: 978-620-8-53318-2

DEDICAÇÃO

Para o meu marido John, os bebés Blessing e Precious.

RESUMO

O feijão francês (Phaseolus vulgaris L.) é uma das principais culturas hortícolas de exportação no Quénia e um potencial rendimento para os pequenos agricultores. No entanto, esta cultura tolera mal os solos salinos. Os pequenos agricultores do subcondado de Nyatike, no condado de Migori, começaram a cultivar feijão francês, mas depararam-se com problemas de salinidade do solo. Foi realizado um estudo para determinar os efeitos da beldroega (Portulaca oleracea) cultivada como cultura intercalar na produção de feijão francês em solo salino. Os objectivos específicos foram (i) caraterizar o estado de salinidade do solo do local de estudo no sub-condado de Nyatike (ii) determinar o crescimento e o rendimento do feijão francês consorciado com beldroegas em solo salino (iii) determinar a capacidade da beldroega em reduzir a salinidade do solo. Para atingir os objectivos, foram realizadas duas experiências, uma no campo e outra em estufa. Três variedades de feijão francês: Samantha, Monel e Star, cultivadas isoladamente e em consórcio com beldroegas, foram cultivadas e avaliadas quanto às diferenças de crescimento e rendimento em solo salino. A experiência foi um fatorial 3x3, disposto num esquema de blocos completos aleatórios (RCBD) em três repetições na quinta. Cada parcela media 1,5 x 1m. Havia três tratamentos e três variedades replicadas três vezes. Outra experiência com apenas uma variedade de feijão foi efectuada na estufa da Universidade de Eldoret, utilizando solo do local de estudo. Foram recolhidos dados sobre os dias até à emergência, a percentagem de emergência, a contagem do estande às duas semanas, a contagem do estande na colheita, o tempo até 50% de floração, a altura da planta, o comprimento da vagem, a largura da vagem e o peso da vagem. Foram recolhidas amostras de solo para avaliar as alterações da condutividade eléctrica. Na colheita, as folhas de feijão francês foram recolhidas e analisadas quanto aos níveis de iões. Os dados foram submetidos a uma análise de variância (ANOVA) utilizando a versão 14 do Genstat e as médias foram separadas pelo teste de gama múltipla de Duncan (DMRT). A caraterização do solo mostrou que o local de estudo tinha um solo salino. No final da experiência, o cultivo intercalar de beldroegas com feijão francês resultou num melhor crescimento e num aumento do rendimento do feijão francês. A beldroega, tal como outras halófitas, foi capaz de reduzir gradualmente a salinidade do solo para níveis que poderiam dar maiores rendimentos. A partir dos resultados obtidos, este estudo recomenda a utilização da beldroega como cultura intercalar em zonas afectadas pela salinidade. Uma vez que a literatura nesta área é escassa, há necessidade de mais investigação.

ÍNDICE DE CONTEÚDOS:

RECONHECIMENTO

Agradeço a Deus Todo-Poderoso por me ter visto chegar até aqui. ElmadaAuma e ao Prof. Caleb Othieno, que sempre encontraram tempo para mim. As suas correcções, orientação e encorajamento permitiram-me preparar e apresentar este trabalho. Estou grato ao NACOSTI por ter financiado este projeto. Um agradecimento especial à minha mãe Alice que rezou por mim todos os dias. Agradeço ao Sr. Joseph Olem por me ter deixado trabalhar na sua quinta. Agradeço o apoio do Sr. Micah Onyiero do Ministério da Agricultura, sub-condado de Nyatike. A todos os que participaram de uma forma ou de outra, que Deus vos abençoe.

CAPÍTULO 1

INTRODUÇÃO

1.1 Antecedentes do estudo

O feijão-frade (Phaseolus vulgaris L.), também conhecido como feijão-macaco, é importante nos sistemas socioeconómicos e nos meios de subsistência no Quénia (Monda et al., 2003) e é uma das principais culturas hortícolas de exportação da África Oriental. A cultura levou o Quénia ao pináculo da grandeza como nação hortícola. Grande parte do feijão francês no Quénia é cultivado principalmente por pequenos agricultores, exclusivamente para exportação como fonte de rendimento familiar (Okello et al., 2007). Trata-se de agricultores que possuem entre 0,5-5,0 ha de terra (Ndegwa et al., 2010). São responsáveis por 60% de todas as exportações de legumes e 21% das exportações de produtos hortícolas (Nderitu et al., 2007). Embora a cultura seja principalmente cultivada para exportação no Quénia, há uma popularidade crescente no consumo interno, particularmente nos centros urbanos (voor den Dag, 2003; MOA, 2008). As principais variedades cultivadas no Quénia para o mercado de produtos frescos ou para transformação incluem Paulista, Monel, Amy, Impala, Samantha, Teresa, Alexandra, Star e Julia (Ndegwa et al., 2010).

No sudoeste do Quénia, particularmente em Nyatike, a produção de feijão francês foi introduzida pelo Governo do Quénia através do Ministério da Agricultura em 2012, de modo a aliviar a pobreza e garantir a segurança alimentar das famílias, uma vez que a área não tem qualquer cultura de rendimento. Contudo, a produção tem sido afetada por vários desafios, entre os quais a salinidade do solo em algumas zonas, uma vez que a cultura é sensível à salinidade.

A salinidade refere-se à existência de níveis elevados de sais solúveis. Para além de outros stresses, a exposição a condições de solo salino limita o crescimento e a produtividade das plantas (Abbas et al., 2010; Bhantana e Lazarovitch, 2010; Siringam et al., 2012). Estima-se que, a nível mundial, 831 x 10^6 hectares de terra sejam afectados pela salinidade (Beltran e Manzur, 2005). A salinidade limita a produção de mais de 6% das terras do mundo (FAO, 2008) e 20% das terras irrigadas, que constituem 15% da área total cultivada (Munns, 2005), e tem um impacto negativo na produção agrícola em todo o mundo.

A salinidade do solo pode ser atribuída a muitos iões presentes na solução do solo, mas os efeitos adversos da salinidade têm sido particularmente atribuídos aos iões cloreto (Cl^-) e sódio (Na^+) (Zekri, 2004) em diferentes partes das plantas, pelo que estes iões produzem condições que prejudicam a sobrevivência das plantas, perturbando vários mecanismos fisiológicos e bioquímicos (Grieve et al., 2007). O excesso de sais na zona radicular ou na solução do solo pode entrar na planta, resultando na morte da planta por desequilíbrio iónico e stress osmótico (Mahajan e Tuteja, 2005). O stress salino reduz o crescimento e o rendimento das culturas de diferentes formas. Em condições normais, o potencial osmótico nas células vegetais é superior ao da solução do solo. As células vegetais utilizam este potencial osmótico mais elevado para absorver água e minerais essenciais da solução do solo através das células radiculares. Sob stress salino, o potencial osmótico na solução do solo excede o potencial osmótico das células vegetais devido à presença de uma concentração mais elevada de sal, o que reduz a capacidade das plantas para absorver água e outros nutrientes essenciais (Munns et al., 2006). Por outro lado, os iões Na^+ e Cl^- podem entrar nas células devido à sua prevalência e têm os seus efeitos tóxicos diretos nas membranas celulares, bem como nas actividades metabólicas no citosol (Hasegawa et al.,

2000). Estes efeitos primários do stress da salinidade provocam efeitos secundários como a redução da expansão celular, da produção de assimilados e da função das membranas, bem como a diminuição do metabolismo citosólico e da produção de intermediários reactivos de oxigénio. Consequentemente, em casos extremos, as plantas podem morrer sob stress salino. No feijão, o stress por salinidade inibe a germinação das sementes e o crescimento das plântulas, reduz a nodulação e diminui a acumulação de biomassa e o rendimento (Essa, 2002). Estes efeitos são induzidos por uma interferência osmoticamente mediada na absorção de água e nutrientes (Brady e Weill, 2002). O stress por salinidade pode também causar clorose foliar grave, branqueamento e necrose das folhas e, por fim, a morte da planta (Parker et al., 1987). Os sintomas mais agudos de stress por salinidade são induzidos pela acumulação de cloreto na folha, o que inclui a diminuição da fotossíntese e a formação de radicais superóxido, que causam danos nas membranas (Marschner, 1995).

Fowler (1992) sublinhou que "a salinidade tem sido uma ameaça para a agricultura em algumas partes do mundo há mais de 3000 anos; nos últimos tempos, a ameaça tem aumentado". Como a população mundial continua a aumentar, é necessário cultivar mais alimentos para alimentar as pessoas. Este objetivo pode ser alcançado através do aumento das terras cultivadas e da produtividade das culturas por unidade de superfície. A primeira levou a agricultura para terras marginais e afectadas pelo sal. Além disso, o problema da salinidade foi agravado pela necessidade de irrigação para a produção de culturas em ambientes áridos e semi-áridos.

Para aumentar a produção alimentar, os agricultores aplicam fertilizantes sintéticos para compensar as deficiências de nutrientes do solo. No entanto, a utilização indiscriminada de fertilizantes sintéticos pode aumentar a salinidade e danificar gravemente a estrutura e a composição microfloral do solo (Akhavan et al., 1991). No Quénia, os solos salinos ocorrem em regiões semi-áridas, na faixa costeira e em solos mal drenados, propensos a inundações por falta de água suficiente para lixiviar os sais.

O restabelecimento da produtividade das terras salinas através da melhoria das condições do solo é uma das tarefas mais importantes nas zonas afectadas pelo sal. Um campo promissor, mas ainda não adequadamente investigado, é a utilização de plantas halófitas intercaladas com culturas cultivadas em condições de stress salino:

a absorção e acumulação de sal pelas halófitas pode reduzir a gravidade do stress a nível da rizosfera, proporcionando melhores condições para o crescimento das espécies agrícolas e, consequentemente, melhores rendimentos. A domesticação da beldroega, uma halófita, é uma solução promissora para aumentar a oferta de alimentos e a utilização dos solos abandonados afectados pelo sal, e oferece uma abordagem de baixo custo para recuperar e reabilitar habitats salinos (Graifenberg et al., 2003). Os caules e folhas suculentos da beldroega são consumidos em saladas verdes ou como legume cozinhado. As sementes também são comestíveis e são transformadas em farinha e papas no Quénia. A beldroega também tem sido utilizada na medicina popular desde tempos antigos e está incluída na lista da Organização Mundial de Saúde das plantas medicinais mais utilizadas (Graifenberg et al., 2003).

1.2 Declaração do problema

Os agricultores de Nyatike registam rendimentos de culturas muito baixos, o que tem sido atribuído a uma série de factores, incluindo a salinidade do solo, a fraca pluviosidade arática, as pragas e as doenças. Em algumas áreas, a salinidade do solo varia entre 3,7 e 6,0 dSm e tem tido um impacto negativo na produção de culturas sensíveis, como por exemplo o feijão francês. No entanto, a magnitude do problema não foi quantificada. A beldroega e, de facto, todas as halófitas têm a capacidade de reduzir a salinidade do solo, mas apenas alguns estudos foram feitos nesta área.

1.3 Objectivos da investigação

1.3.1 Objetivo geral

Determinar os efeitos da beldroega na produção de feijão francês em solo salino

1.3.2 Objectivos específicos

(i) Caracterizar o estado de salinidade do solo no local de estudo, subcondado de Nyatike, condado de Migori.

(ii) Determinar o crescimento e o rendimento do feijão francês consorciado com beldroegas num solo salino.

(iii) Determinar a capacidade da beldroega para reduzir a salinidade do solo.

1.4 Hipóteses de investigação

i. $\mathbf{H_a}$: Há variação nos níveis de salinidade do solo no sub-condado de Nyatike.

ii. $\mathbf{H_a}$: O cultivo intercalar de feijão francês com beldroegas aumentará os rendimentos mais do que o normal devido à redução da salinidade do solo.

iii. $\mathbf{H_a}$: A beldroega reduzirá a salinidade do solo

1.5 Justificação

A produção sustentável de culturas alimentares e geradoras de rendimento no sub-condado de Nyatike tem sido difícil de alcançar devido à precipitação irregular e aos solos pobres. A área também é afetada pela salinidade do solo, que tem contribuído para colheitas fracas, levando à insegurança alimentar e à pobreza. Por conseguinte, seria útil atenuar a salinidade neste local. É este o objetivo do trabalho de investigação. As áreas mais afectadas pela salinidade são Okenge, toda a sub-localidade de Bala, a baía de Muhuru e a divisão de Karungu.

Os agricultores estão muito interessados em produzir feijão francês porque não têm qualquer cultura de rendimento. A falta de uma cultura de rendimento na área de estudo tornou os agricultores pobres e ameaçou a segurança alimentar das famílias, uma vez que os agricultores vendem as poucas culturas alimentares que colhem para satisfazer algumas das suas necessidades.

CAPÍTULO 2

REVISÃO DA LITERATURA

2.1 Feijão francês

A fava (Phaseolus vulgaris L.) é uma leguminosa de grande consumo a nível mundial. Existem dois tipos de plantas de feijão francês: arbustos herbáceos erectos e videiras trepadeiras geminadas (Ecocrop, 2013). Uma vez polinizadas, cada flor dá origem a uma vagem. As vagens são delgadas, de cor verde, amarela ou roxa, cilíndricas, rectas ou curvas (Zaza et al., 2009). As vagens imaturas são consumidas frescas e podem ser conservadas. Os resíduos da cultura podem ser utilizados como forragem (Wortmann, 2006). A produção mundial de feijão francês em 2010 foi de 17,7 milhões de toneladas, colhidas em 15,1 milhões de hectares (FAO 2013).

O feijão frade é originário da América Central e do Sul em 6000BC. Atualmente, está muito difundido e é cultivado como cultura alimentar em muitas zonas tropicais, subtropicais e temperadas (Zaza et al., 2009). A cultura é rica em proteínas (22-27%), amido (39-42%) e fibra (6%) (Lopez et al., 2005)

2.1.1 Produção de feijão francês no Quénia

O feijão frade é importante nos sistemas agrícolas socioeconómicos da África Oriental e Central. É uma cultura com grande potencial para combater a insegurança alimentar, gerar rendimentos e aliviar a pobreza na região (Ugen et al., 2005). No Quénia, a cultura ocupa o primeiro lugar entre os produtos hortícolas produzidos para o mercado de exportação e representa uma proporção significativa do total das exportações de produtos hortícolas (HCDA, 2009). A produção de feijão francês é dominada por pequenos agricultores rurais, especialmente mulheres e jovens, e constitui uma importante fonte de rendimento (Ndung'u et al., 2004; Monda et al., 2003). Algumas das principais zonas de produção de feijão francês no Quénia situam-se nos distritos de Kirinyaga e Machakos (KARI, 2005). Em comparação com o feijão seco, o feijão francês tem um elevado valor de mercado, amadurece muito mais cedo e tem uma duração de colheita mais longa (Ugen et al., 2005). Requerem menos energia para cozinhar, uma vez que são consumidos como legumes e são ricos em vitaminas, minerais e fibras alimentares (Kelly e Scott, 1992; Ndegwa et al., 2006).

A promoção da produção de feijão francês e o fornecimento do feijão com as caraterísticas de qualidade exigidas pelos mercados-alvo são vitais para aumentar o consumo e o valor das exportações (Ndegwa et al., 1999; Muchui et al., 2006; Ndegwa et al., 2008).

2.2 Efeitos da salinidade na agricultura

2.2.1 Salinidade do solo no Quénia

No Quénia, as zonas potencialmente salinas incluem algumas regiões das províncias costeiras, do Nordeste, do Vale do Rift e de Nyanza (Musyimi, 2005).

2.3 Causas da salinidade

2.3.1 Causa primária

A maior parte dos solos salinos são desenvolvidos devido a processos geológicos, hidrológicos e pedológicos naturais. Alguns dos materiais vegetais destes solos incluem rochas ígneas intermédias como os fenólitos, rochas ígneas básicas como os basaltos, rochas vulcânicas indiferenciadas, arenitos, depósitos aluviais e lagunares (Wanjogu et al., 2001).

Os factores climáticos e a gestão da água podem acelerar a salinização. Em terras áridas e semi-áridas, a evapotranspiração desempenha um papel muito importante na pedogénese de solos salinos e sódicos (Khan e Panda, 2008).

Wanjogu et al., (2001) referiram que a maior parte da ASAL recebe menos de 500 mm de precipitação por ano, o que, associado a uma evapotranspiração potencial anual de cerca de 2000 mm, conduz à salinização devido à deposição de sal na superfície do solo e na zona radicular.

2.1.2 Salinização secundária

Os solos secundários afectados pelo sal são os salinizados por factores de origem humana, principalmente como consequência de métodos de irrigação inadequados. A utilização de água de má qualidade para irrigação leva à acumulação de sal no solo (Jacoby, 1999).

2.4 Efeitos da salinidade

De acordo com Yeo et al., (1998), o sal causa efeitos iónicos e osmóticos nas plantas e a maioria das respostas conhecidas das plantas à salinidade estão ligadas a estes efeitos. A resposta geral das plantas à salinidade é a redução do crescimento (Romero - Aranda, et al., 2002). O efeito inicial e primário da salinidade, especialmente em concentrações baixas a moderadas, deve-se ao seu efeito osmótico (Jacoby, 1999). Os efeitos osmóticos dos sais nas plantas resultam da redução do potencial hídrico do solo devido ao aumento da concentração de soluto na zona radicular. Em potenciais hídricos do solo muito baixos, esta condição interfere com a capacidade da planta para extrair água do solo e manter o turgor. Assim, em algumas espécies, o stress salino pode assemelhar-se ao stress de seca. No entanto, a concentrações baixas ou moderadas de sal, as plantas ajustam-se osmoticamente através da acumulação de solutos internos e mantêm um potencial para o influxo de água. O crescimento da planta pode ser moderado nestas condições, mas, ao contrário do stress por seca, a planta não tem deficiência de água (Shannon, et al., 1987).

Em caso de salinidade elevada, podem ser reconhecidos alguns sintomas específicos de danos nas plantas, como necrose e queimadura das pontas das folhas devido aos iões sódio e cloreto. As concentrações iónicas elevadas podem perturbar a integridade e a função das membranas, interferir no equilíbrio interno dos solutos e na absorção de nutrientes, provocando sintomas de deficiência nutricional semelhantes aos que ocorrem na ausência de salinidade (Grattam e Grieve, 1999).

O sódio e o cloreto, normalmente os iões mais prevalecentes em solos ou águas salinas, são responsáveis pela maioria dos efeitos deletérios que podem ser relacionados com toxicidades iónicas específicas (Munns et al., 1995).

O grau de redução do crescimento devido à salinidade difere muito consoante a espécie e, em menor grau, consoante a variedade. A gravidade da resposta à salinidade é também mediada por interações ambientais como a humidade relativa, a temperatura, a radiação e a poluição atmosférica (Shannon e Grieve, 1999). A acumulação de sal nas folhas provoca uma senescência prematura, reduzindo o fornecimento de assimilados às regiões de crescimento e diminuindo assim o crescimento das plantas (Munns et al., 1995). Em variedades muito sensíveis, o sal acumula-se mais rapidamente e, uma vez que as células não conseguem compartimentar o sal nos vacúolos no mesmo grau elevado que as variedades tolerantes, espera-se que as folhas morram mais cedo (Munns, 2002a). Neumann et al., (1997) consideraram que a inibição do crescimento das folhas por excesso de sal diminui o volume de tecido foliar novo no qual o excesso de sal pode ser acumulado e, em combinação com a acumulação contínua de sal, pode levar a uma acumulação mais precoce de níveis excessivos de sal. O stress salino afecta todos os principais processos, por exemplo, o crescimento, as relações hídricas, a fotossíntese e a absorção de minerais.

2.4.1 Efeitos da salinidade na absorção de água pelas plantas

À medida que os solos se tornam mais salinos, as plantas tornam-se incapazes de extrair tanta água do solo. Isto acontece porque as raízes das plantas contêm concentrações variáveis de iões (sais) que criam um fluxo natural de água do solo para as raízes das plantas (Zeinolabedin, 2012). No entanto, à medida que o nível de salinidade do solo se aproxima do das raízes, a probabilidade de a água entrar na raiz é cada vez menor. De facto, quando os níveis de salinidade do solo são suficientemente elevados, a água nas raízes é puxada de volta para o solo.

As plantas tornam-se incapazes de absorver água suficiente para crescer. Cada espécie de planta contém naturalmente diferentes níveis de sais de raiz. É por isso que algumas plantas podem continuar a desenvolver-se enquanto outras morrem. Se a concentração de salinidade no solo for suficientemente elevada, a planta murchará e morrerá, independentemente da quantidade de água aplicada (Nikos et al., 2003).

2.4.2 Salinidade do solo no crescimento e rendimento das culturas

A salinidade do solo pode ser atribuída a muitos iões presentes na solução do solo, mas os efeitos adversos da salinidade têm sido particularmente atribuídos aos iões cloreto e sódio (Zekri, 2004) em diferentes partes das plantas. Estes iões produzem condições que prejudicam a sobrevivência das plantas, perturbando vários mecanismos fisiológicos e bioquímicos (Raveh, 2005; Grieve et al., 2007).

A salinidade das terras aráveis é um problema crescente em muitas zonas irrigadas, áridas e semi-áridas do mundo, onde a precipitação é insuficiente para lixiviar os sais da zona radicular, e é um fator significativo de redução da produtividade das culturas (Francois e Maas, 1994). A salinidade é um dos factores de stress abiótico mais importantes que limitam o crescimento e a produtividade das plantas (Khan e Panda, 2008).

Os catiões mais comuns associados à salinidade são o sódio, o cálcio e o magnésio, enquanto os aniões mais comuns são o cloreto, o sulfato e os hidrocarbonetos. Os iões de sódio e de cloreto são considerados os mais importantes, uma vez que o sódio provoca a deterioração da estrutura física do solo e tanto os iões de sódio como os de cloreto são tóxicos para as plantas (Hasegawa et al., 2000).

Muitos investigadores, por exemplo Carvajal et al., 1999; Yeo et al., 1998; Grattan e Grieve 1999), estudaram os efeitos dos sais no crescimento das plantas e dividiram-nos em três grandes categorias:

i. Uma redução no potencial osmótico da solução do solo que reduz a água disponível para as plantas
ii. Uma deterioração da estrutura física do solo que diminui a permeabilidade à água e o arejamento do solo
iii. Aumento da concentração de certos iões que têm um efeito inibitório no metabolismo das plantas.

A salinidade torna-se um problema quando se acumulam sais suficientes na zona das raízes para afetar negativamente o crescimento das plantas. O excesso de sais na zona radicular impede as raízes das plantas de retirarem água do solo circundante (Graifenberg et al., 2003), o que reduz a quantidade de água disponível para a planta, independentemente da quantidade de água efetivamente existente na zona radicular. Embora a água não fique mais presa ao solo em ambientes salinos, a presença de sal na água faz com que as plantas gastem mais energia a extrair água do solo. O ponto principal é que o excesso de salinidade na água do solo pode diminuir a água disponível para as plantas e causar stress nas mesmas (Nikos *et al.,* 2003). A salinidade afecta quase todos os aspectos da fisiologia e bioquímica das plantas e reduz significativamente o rendimento (Kaymakanova *et al*., 2008). As plantas são geralmente mais sensíveis à salinidade durante a germinação e o crescimento inicial (Leticia *et al.,* 2009).

A salinidade da água do solo depende do tipo de solo, do clima, da utilização da água e das rotinas de rega. Por exemplo, imediatamente após o solo ser regado, a água disponível para as plantas está no seu ponto mais alto e a salinidade da água do solo está no seu ponto mais baixo. No entanto, à medida que as plantas utilizam a água do solo, a água restante é retida no solo e torna-se progressivamente mais difícil de obter pelas plantas. À medida que a água se perde através da transpiração ou da atmosfera do solo por evaporação, a salinidade do solo aumenta porque os sais se tornam mais concentrados na água restante do solo. Assim, a evapotranspiração entre os períodos de irrigação pode aumentar ainda mais a salinidade (Nikos *et al.,* 2003).

A salinidade afecta as plantas de diferentes formas, tais como efeitos osmóticos, toxicidade de iões específicos e/ou perturbações nutricionais. O grau em que um mecanismo afecta a planta em relação aos outros depende de muitos factores, incluindo a espécie, o genótipo, a idade da planta, a força iónica e a composição da solução salinizante, e o órgão em questão (Rains, 1972).

As plantas sofrem alterações caraterísticas desde o momento em que o stress de salinidade é imposto até atingirem a maturidade (Munns, 2002a). Momentos após a salinização, as células desidratam e encolhem, mas recuperam o seu volume original horas mais tarde. Apesar desta recuperação, o alongamento celular e, em menor grau, a divisão celular, são reduzidos, levando a taxas mais baixas de crescimento das folhas e das raízes. Nos dias seguintes, as reduções na divisão e alongamento celular traduzem-se num aparecimento e tamanho mais lento das folhas. As plantas que sofrem de stress salino grave desenvolvem frequentemente lesões visuais devido à absorção excessiva de sal. Ao fim de semanas, o desenvolvimento dos rebentos laterais é afetado e, ao fim de meses, observam-se diferenças claras no crescimento global e nas lesões entre as plantas sujeitas a stress salino e os seus controlos sem stress. Compreendendo estas diferenças temporais na resposta à salinidade, Munns, (2005) desenvolveu o conceito de "resposta de crescimento em duas fases à salinidade". A primeira fase de redução do crescimento ocorre rapidamente (em poucos minutos) após a exposição à salinidade. Esta resposta deve-se às alterações osmóticas no exterior da raiz que provocam alterações nas relações célula-água (efeito osmótico). O efeito osmótico reduz inicialmente a capacidade da planta para absorver água. Este efeito é semelhante ao do stress hídrico e apresenta poucas diferenças genotípicas. Alguns minutos após a diminuição inicial do crescimento das folhas, verifica-se uma recuperação gradual da taxa de crescimento até se atingir um novo estado estacionário, dependente da concentração de sal no exterior da raiz (Munns, 2002b). O segundo efeito muito mais lento, que demora dias, semanas ou meses, é o resultado da acumulação de sal nas folhas, conduzindo a uma toxicidade salina na planta, principalmente nas folhas mais velhas (ou seja, efeito específico do sal). Esta toxicidade salina pode resultar na morte de folhas e reduzir a área foliar fotossintética total. Como resultado, há uma redução no fornecimento de fotossintatos à planta, afectando o balanço global de carbono necessário para sustentar o crescimento (Munns, 2002b).

O aumento da salinidade do solo e da água afecta o crescimento, o rendimento e a qualidade dos frutos das culturas. No entanto, a influência da salinidade no desenvolvimento e rendimento das culturas depende de vários factores, incluindo a cultivar, as condições climáticas, a duração da colheita e as técnicas de cultivo (Shannon e Grieve, 1999). O nível máximo de salinidade do solo que é tolerado pelo feijão francês sem redução do rendimento é de 2,5 dSm (Maas e Hoffman, 1977).

2.4.3 . Efeitos da salinidade nas propriedades físicas do solo

A salinidade pode afetar as propriedades físicas do solo, fazendo com que as partículas finas se unam em agregados. Este processo é conhecido como floculação e é benéfico em termos de arejamento do solo, penetração das raízes e crescimento das mesmas. Embora o aumento da salinidade da solução do solo tenha um efeito positivo na agregação e estabilização do solo, em níveis elevados a salinidade pode ter efeitos negativos e potencialmente letais para as plantas. Como resultado, a salinidade não pode ser aumentada para manter a estrutura do solo sem considerar os potenciais impactos na saúde das plantas (Nikos et al., 2003).

Os sintomas da salinidade do solo incluem uma germinação lenta e irregular das sementes, murchidão súbita, crescimento atrofiado, queimadura marginal nas folhas (especialmente nas folhas inferiores e mais velhas), amarelecimento das folhas, queda das folhas, desenvolvimento restrito das raízes e morte súbita ou gradual das plantas (Munns, 2002b).

2.4.4 Efeitos da salinidade na fotossíntese

O crescimento das plantas depende da fotossíntese e, por conseguinte, as tensões ambientais que afectam o crescimento também afectam a fotossíntese (Taiz e Zeiger, 2002). Romero- Aranda et al., (2002) mostraram que a capacidade fotossintética foi suprimida pela salinidade. A inibição do crescimento vegetativo em plantas submetidas à salinidade está associada a uma inibição acentuada da fotossíntese.

O efeito da salinidade na taxa fotossintética depende da concentração de sal e das espécies vegetais. Foi demonstrado que a taxa fotossintética e a condutância estomática diminuem com salinidade elevada (Munns, 2002 b).

Os factores atribuídos à diminuição da taxa fotossintética em resultado da salinidade são

(i) Desidratação das membranas celulares que reduz a sua permeabilidade ao dióxido de carbono. A elevada concentração de sais no solo e na água cria um elevado potencial osmótico que reduz a disponibilidade de água para as plantas. A diminuição do potencial hídrico provoca stress osmótico, que inativa reversivelmente o transporte de eletrões fotossintéticos através do encolhimento do espaço intercelular.

(ii) Toxicidade salina causada por iões de sódio e cloreto. Os iões cloreto inibem a taxa fotossintética através da sua inibição da absorção de NO3-N pelas raízes. O NO3-N foi significativamente reduzido em videiras de sultana stressadas com sal e esta redução foi correlacionada com a redução fotossintética. A redução da absorção de NO_3-N combinada com o stress osmótico pode explicar o efeito inibitório da salinidade na fotossíntese (Taiz e Zeiger, 2002).

(iii) Redução do fornecimento de dióxido de carbono devido ao fecho dos estomas. A redução da condutância estomática resulta numa disponibilidade limitada de dióxido de carbono para as reacções de carboxilação (Brugnoli e Bjorkman, 1992). O fecho dos estomas minimiza a perda de água por transpiração, o que afecta os sistemas de colheita de luz e de conversão de energia dos cloroplastos, conduzindo assim a uma alteração da atividade dos cloroplastos. Sabe-se que uma condutância estomática mais elevada nas plantas aumenta a difusão do dióxido de carbono nas folhas, favorecendo assim um maior rendimento das culturas de algodão (Gossypium barbadense).

(iv) Aumento da senescência

(v) Alterações da atividade enzimática induzidas por alterações da estrutura citoplasmática

2.5. Produção de feijão francês em solos salinos

A salinidade do solo e da água causa várias perturbações fisiológicas nas plantas, relacionadas com a concentração anormal de iões salinos no ambiente rizosférico; estas perturbações podem ir desde um efeito citotóxico e desnaturante dos próprios iões (Bernstein, 1995) até ao stress osmótico (Greenway e Munns, 1980; Yeo, 1983) e à alteração do equilíbrio de absorção de iões (Rains 1972; Flowers e Lauchli, 1983). O efeito final da combinação de circunstâncias é, de um ponto de vista agrícola, a redução da qualidade e do rendimento das culturas (Van den Berg et al., 1967; Maas e Hoffmann, 1977; Asch et al., 2000).

A temperatura e a salinidade são factores importantes que afectam significativamente a produtividade das plantas em regiões áridas e semi-áridas. Do mesmo modo, o stress provocado pela salinidade afecta os processos de desenvolvimento, como a germinação das sementes, o crescimento e o vigor das plântulas, o crescimento vegetativo, a floração e a formação de grãos (Sairam e Tyagi, 2004). A redução das taxas de crescimento dos rebentos e das raízes, bem como da massa fresca observada nas plântulas de feijão francês sujeitas a stress por temperatura e por sal, está em conformidade com os efeitos comprovados destes stresses.

2.6. Outras opções de atenuação da salinidade

A salinidade do solo pode ser atenuada através de várias estratégias, incluindo

- Lixiviação - A água doce pode ser utilizada para lixiviar os sais para além da zona de enraizamento das plantas (Goyal et al., 1999).
- Recuperação do solo - Trata-se de substituir os iões de sódio no solo por cálcio. Os iões de sódio libertados são então lixiviados para além da zona radicular pelo excesso de água e, finalmente, transportados para fora do campo na água de drenagem.
- Raspagem e remoção do solo superficial - Devido à evaporação contínua, a concentração de sal é mais elevada no solo superficial. O solo superficial pode ser raspado e retirado do campo. (Quresh et al., 2003)

2.7. Descrição, origem e ecologia da beldroega

A beldroega, (Portulaca oleracea), é um membro da família Portulacaceae com mais de 120 espécies diferentes. É uma espécie anual de verão, infestante e abundante em todo o mundo, que invade hortas, áreas desnudas, relvados de baixa manutenção, plantações ornamentais e áreas agrícolas. A beldroega é comestível, com um sabor doce, mas ácido (Cros, 2007).

A planta é uma planta anual prostrada e suculenta que forma frequentemente um tapete denso. Os caules avermelhados têm origem num ponto central de enraizamento, irradiando como raios de uma roda. O comprimento dos caules é variável, podendo atingir os 30 cm. As folhas são sem pedúnculo (sésseis), ovais, lisas, suculentas e brilhantes. As flores amarelas, pequenas, com cinco pétalas, nascem isoladamente nas axilas das folhas e só se abrem ao sol. As sementes são produzidas numa pequena vagem com um topo que se abre como uma tampa. As sementes são castanhas avermelhadas a pretas, ovais e minúsculas. A beldroega é uma sementeira prolífica. Os caules carnudos da beldroega podem permanecer húmidos e viáveis durante vários dias após o cultivo e a sacha, e enraízam-se novamente para formar "novas" plantas quando os jardins ou campos são irrigados (Haar et al., 2003)

A cobertura morta sufoca a beldroega e, assim, controla-a (Mitich, 1997). A planta é originária da Europa Central, mas atualmente está distribuída por todo o mundo (Kamal-Uddin, 2009).

2.8. Atenuação da salinidade através da utilização de beldroegas

A beldroega é uma halófita que tem sido utilizada para mitigar a salinidade do solo. A planta tem um limiar de salinidade de 6,3 dSm^{-1} (Kumamoto et al., 1990). Devido à sua tolerância ao sal, a beldroega foi proposta como uma espécie halófita prospetiva para a dessalinização de solos salinos e para sistemas de reutilização de águas de drenagem (Grieve e Suarez 1997). A natureza halófita da beldroega, quando utilizada como planta companheira, pode ser útil para aumentar o rendimento da cultura principal. Isto é devido à capacidade da beldroega de absorver grandes quantidades de Na^+ e Cl^- do meio de cultivo em condições salinas. A beldroega não é apenas uma planta tolerante ao sal (Kilic et al., 2008) Shannon e Grieve, 1999), mas também uma boa cultura de remoção de sal (Grieve e Suarez, 1997).

A concentração de sódio nas folhas do tomateiro foi reduzida em 36% quando cultivado com beldroegas, enquanto a produção de frutos aumentou em 33%. Isto é explicado pelo facto de as plantas de tomate poderem utilizar mais energia para elaborar substâncias para o desenvolvimento dos frutos, em vez de construírem mecanismos de tolerância ao sal (Graifenberg et al., 2003). A beldroega removeu 210 kg ha^{-1} de Cl^- e 65 kg ha^{-1} de Na^+ quando cultivada a 6,5 dSm^{-1} como cultura intercalar em pomares de fruta durante uma estação de crescimento (Kilic et al., 2008).

A beldroega forma um tapete denso que cobre o solo e impede o aparecimento de outras plântulas. O seu crescimento agressivo e prostrado sugeriu que a beldroega pode ser utilizada como cobertura vegetal viva intercalada com uma cultura em linha, por exemplo brócolos, cujo rendimento não foi reduzido quando comparado com métodos convencionais de controlo de ervas daninhas, tais como cobertura de plástico preto, controlo mecânico ou químico (Ellis et al., 2000).

As opções acima descritas que podem ser utilizadas para mitigar a salinidade não são geralmente aplicáveis no local de estudo, uma vez que requerem muitos recursos. A água doce para lixiviar os sais também não está disponível. Isto deixa a opção de utilizar a beldroega, uma vez que esta tem outras utilizações para além da mitigação da salinidade.

CAPÍTULO 3

MATERIAIS E MÉTODOS

3.1 Local de estudo

O estudo envolveu duas experiências: uma no campo e outra na estufa da Universidade de Eldoret.

3.1.1 Estudo de campo

A experiência de campo foi realizada em Nyatike, no condado de Migori, como indicado na Fig. 1. A área situa-se a uma altitude de 1135 - 1350 m acima do nível do mar. As temperaturas variam entre 19,3 - 30^{0} C. A precipitação é errática, mas pode ser classificada em estações de chuva curta e longa, com uma amplitude de 600-1200 mm por ano. As chuvas longas são obtidas entre os meses de março e maio, enquanto as chuvas curtas caem entre agosto e novembro. Os solos são mal drenados, com algumas áreas com problemas de salinidade acentuados. A humidade é relativamente elevada devido aos ventos locais. A evaporação é de cerca de 2000-2200 mm/ano. As zonas agroecológicas predominantes são LM4 e LM5. Geograficamente, a área situa-se a 1° 4' 0" Sul e 34° 28' 0" Este (MOA, 2008).

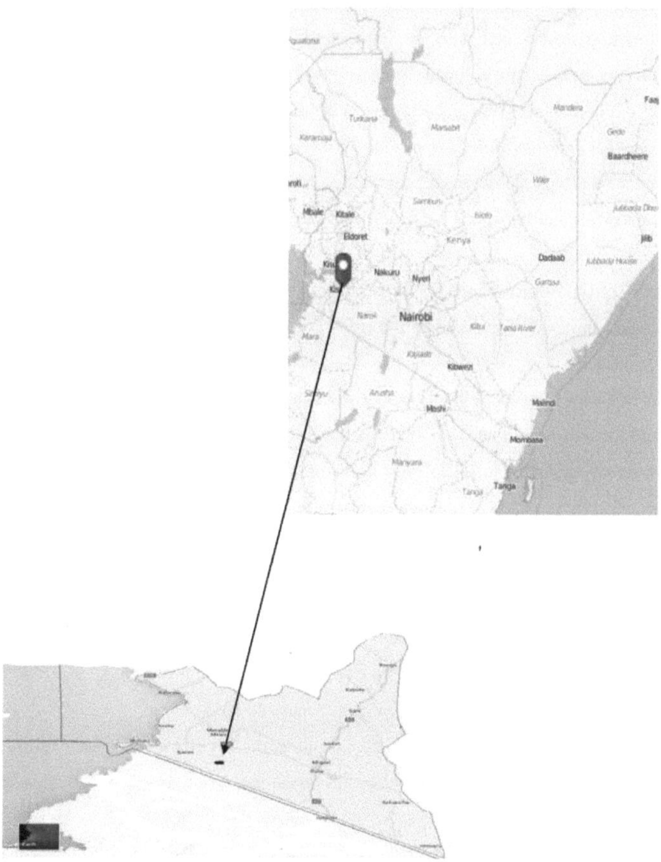

Fig. 1: Mapa do Quénia mostrando o local de estudo Fonte: Google maps

3.1.2 Cultura de ensaio

A cultura de ensaio foi o feijão francês (P. vulgaris), das quais 3 variedades (Samantha, Monel e Star), que são as habitualmente cultivadas na zona.

3.1.3 Origem das sementes

As sementes foram obtidas da Hygrotech Seed Company. Esta é a mesma empresa de sementes que fornece sementes a uma ONG (Carolina Fresh) que as distribui aos agricultores.

3.1.4 Tratamentos

(a) Métodos de atenuação da salinidade

A fim de atingir os objectivos do projeto, foram utilizados dois métodos de mitigação da salinidade, juntamente com o controlo, cada um replicado três vezes.

- Controlo:

Não foi aplicado qualquer método de atenuação da salinidade.

- Cobertura vegetal:

Aqui, foram plantadas sementes de feijão francês e espalhada erva seca à superfície. Após a emergência, a erva seca foi colocada entre as linhas de feijão francês para cobrir o solo. No total, nove unidades experimentais foram cobertas com cobertura vegetal.

- Beldroegas (Portulaca oleracea):

Uma semana antes da plantação de sementes de feijão-frade, foram plantadas plântulas de beldroegas que foram estabelecidas num viveiro um mês antes. As sementes de beldroegas foram obtidas na natureza.

Mais tarde, quando foram plantadas favas, estas ocuparam as linhas entre as beldroegas. A beldroega foi plantada a um espaçamento de 15x10 cm.

(b) Variedades

Foram utilizadas três variedades de feijão francês nesta experiência, nomeadamente Samantha, Monel e Star. Os agricultores do local de estudo não têm acesso a sementes. As sementes são fornecidas pelo Ministério da Agricultura através de uma Organização Não Governamental que, mais tarde, compra a produção dos agricultores para exportação. Não foi utilizado nenhum fertilizante, uma vez que os agricultores da área de estudo não o utilizam.

3.1.5 Épocas

A experiência foi efectuada durante duas épocas:

a) Período de chuvas curtas entre agosto e novembro de 2014
b) Época de chuvas prolongadas entre março e maio de 2015

As estações foram tratadas separadamente e não faziam parte dos tratamentos na exploração. Só foram consideradas como tratamentos durante as experiências de caraterização do solo que exigiam dados no início e no fim da experiência.

3.2 Estudo sobre a casa verde

3.2.1 Local de estudo

O estudo da estufa foi efectuado na Universidade de Eldoret (UoE), situada no condado de Uasin Gishu, entre a longitude 35° 18' E e a latitude 0° 30'N.

3.2.2 Cultura de ensaio

A cultura de ensaio foi o feijão francês (Phaseolus vulgaris L.)

3.2.3 Origem das sementes

As mesmas sementes utilizadas nas experiências de campo foram utilizadas na estufa. Não foi utilizado qualquer fertilizante.

3.2.4 Tratamentos

(a) Métodos de atenuação da salinidade

Foram aplicados dois métodos de atenuação da salinidade com um controlo, ou seja, cobertura vegetal e beldroegas. O solo foi recolhido no local do campo. Cerca de 3 kg de solo foram colocados em 18 vasos de plástico com 30 cm de diâmetro. Seis vasos foram plantados com duas plântulas de beldroegas cada, uma semana antes de plantar sementes de feijão francês. Um total de 18 vasos foram plantados com sementes de feijão francês. Foram plantadas duas sementes por vaso. Seis vasos foram cobertos com erva seca, enquanto outros seis serviram de controlo, sem qualquer tratamento.

Após a colheita das favas, as beldroegas foram arrancadas e destruídas.

(b) Variedades

Foi utilizada apenas uma variedade de sementes (Samantha). Este facto foi ditado pela quantidade de terra que foi trazida do campo.

3.2.5 Épocas

A experiência foi efectuada uma vez apenas para compreender as tendências da salinidade em condições de não lixiviação.

3.3 Métodos de campo

3.3.1 Caracterização do solo

O local de estudo foi cartografado e foram recolhidas amostras de solo em nove pontos, representativos do campo. As amostras de solo foram misturadas para formar uma amostra que foi levada para o laboratório da Universidade de Eldoret (UoE) para análise. A condutividade eléctrica foi determinada com um medidor de condutividade no início e no fim da experiência, segundo o procedimento descrito por (Ryan et al., 2001). Com um medidor de pH, mediu-se o pH no início e no fim da experiência. Os iões testados foram os nitratos, o sódio e os cloretos.

3.3.2 Conceção experimental e disposição no terreno

(a) Conceção experimental

O experimento foi um arranjo fatorial 3x3 no Randomized Complete Block Design (RCBD) replicado três vezes com 3 variedades (V1, V2 e V3), 3 métodos de mitigação de salinidade (S1, S2 e S3).

(b) Configuração do campo

S1 = Controlo; S2 = Mulching; S3 = Purslane; V1= Monel; V2= Samantha; V3= Star

S1V1	S3V2	S2V3
S3V3	S2V1	S1V2
S2V2	S1V3	S3V1

S3V2	S1V3	S2V1
S1V3	S2V1	S3V2
S2V1	S3V2	S1V3

S2V1	S3V2	S1V3
S3V3	S1V1	S2V2
S1V2	S2V3	S3V1

Fig. 2: Disposição do campo

Block 1 **Block 2** **Block 3**

3.4 Métodos de estufa

3.4.1 Conceção experimental

O experimento foi organizado em blocos completos aleatórios (RCBD) porque os fatores na casa de vegetação não foram controlados. Numa réplica, dois vasos representaram uma unidade experimental. Havia três réplicas e uma variedade.

3.4.2 Esquema experimental

S1= Controlo; S2 =Mulching; S3= Purslane

S3	S2	S1
S2	S1	S3
S1	S3	S2

Fig. 3: Esquema experimental da estufa

3.5 Práticas agronómicas

3.5.1 Preparação do terreno

A lavoura foi efectuada à mão duas semanas antes da plantação.

3.5.2 Plantação

Na época 1, nove unidades experimentais foram plantadas com mudas de beldroegas que tinham cerca de três semanas de idade a 26 de setembro de 2014. Após uma semana, (3rd de outubro de 2014), foram plantadas sementes de feijão francês em todas as unidades experimentais. A plantação foi efectuada com um espaçamento de 30 x 15 cm para as favas (Monda et al., 2003) e 15x10 cm para as plântulas de beldroegas que ocuparam as linhas entre as favas. O tamanho de cada parcela era de 1 x 1,5 m. Foram realizadas as práticas agronómicas necessárias.

O mesmo procedimento foi seguido na época 2. As datas de plantação foram 3 rd de abril de 2015 e 10 th de abril de 2015 para beldroegas e feijão francês, respetivamente.

3.5.3 Colheita

As vagens verdes e tenras foram colhidas a intervalos regulares de 3 dias. Foi efectuado um total de 3 colheitas. Após a colheita das favas, a beldroega foi arrancada, recolhida e retirada do campo. Esta operação foi efectuada em ambas as estações.

3.6 Recolha de dados e parâmetros medidos

Os dados foram recolhidos em diferentes fases de crescimento das plantas de feijão francês, incluindo o seu rendimento, tanto em experiências de campo como de estufa.

(a) Número de dias para 50% de emergência

Este valor foi obtido subtraindo a data de plantação da data em que pelo menos 50% das plântulas tinham emergido.

(b) Percentagem de emergência

O total de plântulas emergidas nove dias após a plantação, dividido pelo número total de sementes plantadas, multiplicado por 100, dá a percentagem de germinação.

$$\text{Emergence percentage} = \frac{\text{Number of seedling emerged}}{\text{Total number of seeds planted}} \times 100$$ (Asca *et al.*, 2010)

(c) Contagem de pés às duas semanas

Este foi o número total de plantas por unidade experimental após duas semanas de emergência. O número representa o número total de plântulas que emergiram. Foi obtido através da contagem e registo do número total de plântulas de feijão francês.

(d) Número de dias até 50% de floração

A data de 50% de floração das plantas foi registada por unidade experimental. A data de plantação subtraída da data de floração dá o número de dias até à floração.

(e) Contagem dos povoamentos aquando da colheita

Este é o número total de plantas de feijão francês por metro quadrado.

(f) Altura da planta

É o comprimento em cm das plantas, da base da planta até à ponta. Foi medido com uma régua e registado em cm. Todas as plantas de uma unidade experimental foram medidas e a sua média foi obtida. Esta medição foi efectuada na maturidade da planta.

(g) Comprimento da cápsula

Aquando da colheita, foi colhida uma amostra de vagens comercializáveis, cujo comprimento médio foi obtido com uma régua e registado em cm.

(h) Largura da cápsula

(i) A largura de todas as vagens de feijão francês colhidas e comercializáveis foi medida com um paquímetro de Vennier, dividida pelo número total de vagens colhidas para obter a largura média das vagens em cm.

(1) Peso da cápsula

As vagens verdes colhidas foram selecionadas à sombra e as que apresentavam qualidades comercializáveis foram pesadas com uma balança de precisão. O peso foi registado em g m^{-2}.

Os procedimentos acima referidos foram também efectuados na estufa e os mesmos parâmetros foram medidos.

3.7 Análise iónica em folhas

Os iões K^+ , Na^+ , e Cl^- foram testados em folhas de plantas selecionadas ao acaso. Foram selecionadas aleatoriamente três plantas para cada parâmetro. As folhas foram secas em estufa a 75⁰C durante 12 horas e mantidas num exsicador até atingirem um peso constante. Depois disso, as amostras secas foram preparadas para análise iónica. As amostras de folhas secas de feijão francês foram esmagadas até se tornarem pó utilizando um almofariz e um pilão. As amostras moídas foram transferidas para um frasco Erlenmeyer. Foram adicionados ao balão 6 ml de solução de ácido nítrico e de ácido perclórico. As amostras foram mantidas durante 30 minutos a 40^0C num banho de água para digestão e a solução foi removida por aquecimento a 150^0C até ser reduzida a 1 ml de extractos. Este resíduo foi dissolvido com água destilada e completado para frascos-padrão de 1000 ml. A concentração iónica foi determinada por fotometria de chama em I^1g/g (Grattan e Grieve, 1999).

3.8 Análise dos dados

Os dados obtidos foram submetidos a uma análise de variância (ANOVA) utilizando a versão 14 do Genstat. As médias dos tratamentos foram comparadas pelo teste de intervalo múltiplo de Duncan (DMRT). Todos os testes estatísticos foram efectuados com um nível de significância de 0,05.

3.8.1 Modelo estatístico para a experiência de campo

$$Y_{ijk} = \mu + \beta_i + V_j + S_k + V*S_{jk} + \varepsilon_{ijk}$$

Onde: Y_{ijk}= observações sobre as unidades experimentais devidas aos factores ijk^{th}

μ = Média geral

β_i = Efeito devido ao efeito de bloco

V_j= Efeito devido à variedade j^{th}

S_k= Efeito devido à salinidade k^{th}

$V*S_{jk}$= Efeito de interação da variedade e da salinidade

ε_{ijk} = Erro experimental

3.8.2 Modelo estatístico para a experiência laboratorial

$$Y_{ij} = \mu + \beta_i + R_j + \varepsilon_{ij}$$

Onde:

Y_{ij}= observações sobre as unidades experimentais devidas aos factores ij^{th}

μ = Média geral

β_i = Efeito devido a blocos

R_j= Efeito devido à estação j^{th}

ε_{ij} = Erro experimental

3.8.3 Modelo estatístico para a experiência da estufa

$$Y_{ij} = \mu + \beta_i + R_j + \varepsilon_{ij}$$

Onde:

Y_{ij}= observações sobre as unidades experimentais devidas ao fator ij^{th}

μ = Média geral

β_i = Efeito devido à $i^{ésima}$ repetição

R_j= Efeito devido à salinidade j^{th}

ε_{ij} = Erro experimental

CAPÍTULO 4

RESULTADOS

4.1 Caracterização do solo

A Tabela 1 e os Apêndices Ia-e mostram os resultados da caraterização do solo efectuada nos solos do local de estudo antes da experiência, em comparação com o solo normal.

Quadro 1: Caraterísticas do solo no início da experiência

Character	Field	Normal soil condition
Ec (dSm)	3.9	1.0 - 1.5
pH	7.6	7.0
Nitrate (mg/ l)	25.0	5- 10
Sodium (mg/ l)	36.0	5-10
Chloride (mg/ l)	42.0	15-25

4.2 Efeitos do método de mitigação da salinidade e da variedade nos dias até 50% de emergência

Os métodos de mitigação da salinidade influenciaram o número de dias necessários para a emergência das plântulas, com diferenças significativas na estação 2, conforme apresentado no Quadro 2 e nos Apêndices IIa-c. Na estação 2, o controlo diferiu significativamente dos tratamentos com mulching e beldroegas em 8,11, 7,67 e 7,11, respetivamente. A variedade não teve qualquer efeito significativo em nenhuma das estações. As mesmas tendências foram registadas na experiência em estufa.

Em média, as plântulas emergiram mais cedo na época 2 do que na época 1.

Quadro 2: Efeitos do método de mitigação da salinidade e da variedade nos dias até 50% de emergência

(a) Experiência de campo

	SEASON 1				SEASON 2			
Treatment	V1	V2	V3	**Mean**	V1	V2	V3	**Mean**
Control	8.3	7.3	7.3	**7.7a**	8.3	7.7	8.3	**8.1a**
Mulching	8.3	8.3	8.0	**8.2a**	7.3	7.7	8.0	**7.7ab**
Purslane	8.0	7.7	7.7	**7.8a**	7.0	7.0	7.3	**7.1b**
$DMRT_{0.05}$				0.9				0.6
Mean	**8.2a**	**7.8a**	**7.7a**		**7.6a**	**7.4a**	**7.9a**	

DMRT$_{0.05}$	1.5	1.0
CV (%)	10.9	7.7

Legenda: As médias dentro de uma linha ou coluna com letras diferentes são significativamente diferentes.

(b): Experiência em estufa

Treatment	Rep 1	Rep 2	Rep 3	Mean
Control	8	9	9	**8.7a**
Mulching	7	8	7	**7.3b**
Purslane	8	9	8	**8.3a**
DMRT$_{0.05}$				0.8
Mean	**7.7a**	**8.7a**	**8.0a**	
DMRT$_{0.05}$			0.8	
CV (%)				4.1

Legenda: As médias dentro de uma coluna com letras diferentes são significativamente diferentes ($p \leq 0,05$).

4.3 Efeitos do método de mitigação da salinidade e da variedade na percentagem de germinação

Como se mostra no Quadro 3 e nos Apêndices IIIa-c, os métodos de mitigação da salinidade tiveram uma influência significativa na percentagem de germinação na época 2. A variedade teve uma diferença significativa na época 1, com médias de 37,30, 66,03 e 46,34 para a variedade 1, 2 e 3, respetivamente. Na estufa, o método de mitigação da salinidade não teve qualquer diferença significativa na percentagem de germinação.

Quadro 3: Efeitos do método de atenuação da salinidade e da variedade na percentagem de germinação (%)

(a) Experiência de campo

SEASON 1					**SEASON 2**			
Treatment	V1	V2	V3	**Mean**	**V1**	V2	V3	**Mean**
Control	31.9	59.0	48.6	**46.5a**	53.30	58.10	60.00	**57.0c**
Mulching	40.9	75.2	46.7	**54.3a**	63.80	71.40	61.90	**65.7b**
Purslane	39.0	63.8	43.8	**48.9a**	75.20	78.10	75.20	**76.2a**
DMRT$_{0.05}$				6.5				5.2
Mean	**37.3c**	**66.0a**	**46.3b**		**64.1a**	**69.2a**	**65.7a**	

DMRT$_{0.05}$	11.2	9.0
CV (%)	13.0	7.9

Legenda: As médias dentro de uma linha ou coluna com letras diferentes são significativamente diferentes ($p \leq 0,05$).

(b): Experiência em estufa

Treatment	Rep 1	Rep 2	Rep 3	Mean
Control	25	50	50	**41.7a**
Mulching	75	50	25	**50.0a**
Purslane	50	50	25	**41.7a**
DMRT$_{0.05}$				44.3
Mean	**50.0a**	**50.0a**	**33.3a**	
DMRT$_{0.05}$			44.3	
CV (%)				44

Legenda: As médias dentro de uma coluna com letras diferentes são significativamente diferentes ($p < 0,05$).

4.4 Efeitos do método de mitigação da salinidade e da variedade na contagem de estacas às 2 semanas

Na estação 2, os métodos de mitigação da salinidade influenciaram significativamente a contagem do estande de feijão francês às 2 semanas após a emergência (Quadro 4a e Apêndices IVa e b). A variedade teve um efeito significativo apenas na época 1. Em geral, a época 2 teve a média mais elevada de 15,00 plantas por metro quadrado, em oposição à época 1 com 12,00 plantas.

Na estufa, não houve diferença significativa nos métodos de mitigação da salinidade utilizados (Quadro 4b e Apêndice IVc).

Quadro 4: Efeitos do método de atenuação da salinidade e da variedade no número de estacas (m^2) às 2 semanas

(a) Experiência de campo

	SEASON 1				**SEASON 2**			
Treatment	V1	V2	V3	**Mean**	V1	V2	V3	**Mean**
Control	9.0	14.0	11.0	**12.0a**	12.0	14.0	12.0	**13.0c**
Mulching	10.0	15.0	11.0	**12.0a**	15.0	17.0	14.0	**15.0b**
Purslane	8.0	15.0	11.0	**11.4a**	17.0	18.0	18.0	**18.0a**
DMRT$_{0.05}$				1.2				1.2
Mean	**9.1b**	**15.0a**	**10.9b**		**15.0a**	**16.0a**	**15.0a**	

DMRT$_{0.05}$				2.0				2.1
CV (%)				10.0				8.0

Legenda: As médias dentro de uma linha ou coluna com letras diferentes são significativamente diferentes ($p \leq 0,05$).

(b): Experiência em estufa

Treatment	Rep 1	Rep 2	Rep 3	Mean
Control	1	2	2	**1.7a**
Mulching	3	2	1	**2.0a**
Purslane	2	2	1	**1.7a**
DMRT$_{0.05}$				1.8
Mean	**2.0a**	**2.0a**	**1.3a**	
DMRT$_{0.05}$			1.8	
CV (%)				44

Legenda: As médias dentro de uma coluna com letras diferentes são significativamente diferentes ($p \leq 0,05$).

4.5 Efeitos do método de atenuação da salinidade e da variedade no número de pés aquando da colheita

De acordo com o Quadro 5a e os Apêndices Va e b, a variedade influenciou a contagem do povoamento aquando da colheita na época 1 e na época 2. Os métodos de mitigação da salinidade influenciaram o resultado da estação 2, onde o tratamento com beldroegas resultou na média mais alta de 14,00. A cobertura morta teve uma média de 9,00 para a época 1 e 12,00 para a época 2. A experiência de controlo teve as médias mais baixas de 8,00 e 10,00 para as duas estações em estudo. Na experiência em estufa, os métodos de atenuação da salinidade não tiveram qualquer influência significativa na contagem dos povoamentos, tal como apresentado no Quadro 5b e no Apêndice Vc.

Quadro 5: Efeitos do método de atenuação da salinidade e da variedade no número de plantas (plantas m^{-2}) aquando da colheita

(a) Experiência de campo

	SEASON 1				**SEASON 2**			
Treatment	V1	V2	V3	**Mean**	**V1**	V2	V3	**Mean**
Control	6.0	11.0	7.0	**8.0a**	8.0	12.0	11.0	**10.0c**
Mulching	7.0	13.0	8.0	**9.0a**	11.0	12.0	13.0	**12.0b**
Purslane	7.0	12.0	9.0	**9.0a**	12.0	16.0	16.0	**14.0a**

$DMRT_{0.05}$		1.6			1.5		
Mean	6.0b	12.0a	8.0b	10.0b	13.0a	13.0a	
$DMRT_{0.05}$		2.8			2.6		
CV (%)		18.3			12.1		

Legenda: As médias dentro de uma linha ou coluna com letras diferentes são significativamente diferentes ($p \leq 0,05$).

(b): Experiência em estufa

Treatment	Rep 1	Rep 2	Rep 3	Mean
Control	0	1	1	**0.7a**
Mulching	1	2	1	**1.3a**
Purslane	2	2	1	**1.7a**
$DMRT_{0.05}$				0.8
Mean	**1.0a**	**1.7a**	**1.0a**	
$DMRT_{0.05}$			0.8	
CV (%)			43.1	

Legenda: As médias dentro de uma coluna com letras diferentes são significativamente diferentes ($p \leq 0,05$).

4.6 Efeitos do método de mitigação da salinidade e da variedade na altura das plantas (cm)

Nesta experiência, a altura das plantas foi significativamente influenciada pelo método de mitigação da salinidade implementado e pela variedade utilizada na época 1. Na época 2, os métodos de atenuação da salinidade e a interação entre a variedade e a salinidade tiveram uma influência significativa (Quadro 6a e Apêndice VIa e b). Os métodos de atenuação da salinidade tiveram influência significativa na altura das plantas em estufa, conforme apresentado no Quadro 6b e no Apêndice VIc.

Quadro 6: Efeitos do método de atenuação da salinidade e da variedade na altura das plantas (cm) (a) Experiência de campo

	SEASON 1				SEASON 2			
Treatment	V1	V2	V3	**Mean**	V1	V2	V3	**Mean**
Control	31.4	33.8	26.5	**30.6b**	33.4	36.0	30.0	**33.1b**

Mulching	36.6	35.6	28.3	**33.5b**	39.1	30.4	36.5	**35.4b**
Pursalne	42.7	40.7	37.3	**40.2a**	41.4	40.3	40.8	**40.8a**
$DMRT_{0.05}$				3.3				3.5
Mean	**36.9a**	**36.7a**	**30.7b**		**38.0a**	**35.6a**	**35.8a**	
$DMRT_{0.05}$			5.8			6.0		
CV (%)				9.6				9.5

Legenda: As médias dentro de uma linha ou coluna com letras diferentes são significativamente diferentes ($p \leq 0,05$).

(b): Experiência em estufa

Treatment	Rep 1	Rep 2	Rep 3	Mean
Control	19.0	20.5	19.0	**19.5c**
Mulching	23.0	28.5	29.0	**26.8b**
Purslane	34.5	36.2	35.0	**35.2a**
$DMRT_{0.05}$				3.9
Mean	**22.5b**	**28.4a**	**27.7a**	
$DMRT_{0.05}$			3.9	
CV (%)				6.3

Legenda: As médias dentro de uma coluna com letras diferentes são significativamente diferentes ($p \leq 0,05$).

4.7 : Interação entre o método de atenuação da salinidade e a variedade na altura das plantas (cm) na época 2

A interação entre os métodos de mitigação da salinidade e a variedade resultou numa altura média significativa das plantas (Fig. 4 e Apêndice VIb).

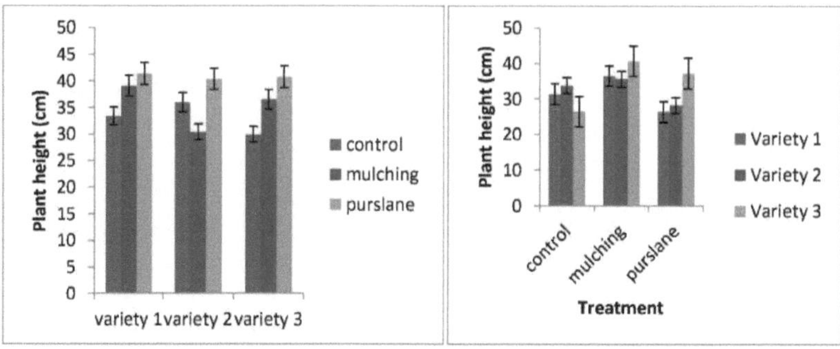

Fig. 4: Interação entre o método de mitigação da salinidade e a variedade na altura das plantas (cm) na época

4.8 Efeitos do método de redução da salinidade e da variedade nos dias até 50% de floração

Os métodos de mitigação da salinidade tiveram efeitos significativos no tempo até 50% de floração em ambas as estações. A época 1 teve uma média mais elevada, 43,22, em comparação com a época 2, 43,11 (Quadro 7a, Apêndices VIIa e b). Não houve diferença significativa entre o controlo e o mulching em ambas as estações. O Quadro 7b e o Apêndice VIIc mostram que, na estufa, houve uma diferença significativa nos métodos de mitigação da salinidade utilizados no que respeita ao tempo até 50% de floração.

Quadro 7: Efeitos do método de atenuação da salinidade e da variedade nos dias até 50% de floração (a) Experiência de campo

SEASON 1					SEASON 2			
Treatment	V1	V2	V3	Mean	V1	V2	V3	Mean
Control	42.0	42.3	42.7	**42.3b**	42.3	42.7	43.3	**42.8b**
Mulching	43.7	43.3	42.0	**43.0ab**	41.7	43.3	42.0	**42.3b**
Purslane	45.0	45.3	42.7	**44.3a**	43.3	44.0	45.3	**44.2a**
$DMRT_{0.05}$				1.2				1.1
Mean	**43.6a**	**43.7a**	**42.4a**		**42.4a**	**43.3a**	**43.6a**	
$DMRT_{0.05}$			2.1				1.9	
CV (%)				2.8			2.5	

Legenda: As médias dentro de uma linha ou coluna com letras diferentes são significativamente diferentes (p≤ 0,05).

(b): Experiência em estufa

Treatment	Rep 1	Rep 2	Rep 3	Mean
Control	42	44	40	**42.0b**
Mulching	44	43	44	**43.7b**
Purslane	46	43	45	**44.7a**
$DMRT_{0.05}$				2.4
Mean	**44.0a**	**43.3a**	**43.0a**	
$DMRT_{0.05}$			2.4	
CV (%)				3.5

Legenda: As médias dentro de uma coluna com letras diferentes são significativamente diferentes (p≤ 0,05).

4.9 Efeitos do método de mitigação da salinidade e da variedade no comprimento das vagens

Na estação 1, a cobertura morta e a utilização de beldroegas aumentaram significativamente o comprimento das vagens em comparação com o controlo (Quadro 8). Em geral, a estação 2 apresentou médias mais elevadas nos três tratamentos, em comparação com a estação 1. O comprimento médio geral na época 2 foi superior ao da época 1, com 10,77 e 10,39 cm, respetivamente (Apêndices VIIIa e b). A variedade não teve influência no comprimento das vagens em nenhuma das estações.

Os métodos de mitigação da salinidade tiveram uma influência significativa no comprimento das vagens na estufa (Quadro 8b e Apêndice VIIIc).

Quadro 8: Efeitos do método de mitigação da salinidade e da variedade no comprimento das vagens (cm)

(a) Experiência de campo

SEASON 1					**SEASON 2**			
Treatment	V1	V2	V3	**Mean**	V1	V2	V3	**Mean**
Control	8.5	7.2	10.5	**8.7b**	7.3	10.6	8.7	**8.9b**
Mulching	11.2	10.6	11.8	**11.2a**	11.4	12.4	10.8	**11.6a**
Purslane	9.7	12.3	11.7	**11.2a**	11.2	12.4	11.3	**11.6a**
$DMRT_{0.05}$				2.0				1.8
Mean	**9.8a**	**10.0a**	**11.3a**		**10.0a**	**11.8a**	**10.9a**	
$DMRT_{0.05}$			3.5				3.1	
CV (%)			19.4				16.8	

Legenda: As médias dentro de uma linha ou coluna com letras diferentes são significativamente diferentes ($p \leq 0,05$).

(b): Experiência em estufa

Treatment	**Rep 1**	**Rep 2**	**Rep 3**	**Mean**
Control	4.0	4.7	5.0	4.6**b**
Mulching	6.7	5.5	6.0	6.1**a**
Purslane	7.2	6.7	6.8	6.9**a**
$DMRT_{0.05}$		1.2		
Mean	**6.0a**	**5.6a**	**5.9a**	
$DMRT_{0.05}$			1.2	
CV (%)			9.3	

Legenda: As médias dentro de uma coluna com letras diferentes são significativamente diferentes ($p \leq 0,05$).

4.10 Efeitos do método de mitigação da salinidade e da variedade na largura das vagens

A partir dos resultados analisados, os métodos de mitigação da salinidade tiveram diferenças significativas em ambas as estações, como se pode ver nos Apêndices IXa e b. O Quadro 9a mostra que, na estação 1, o controlo teve a média mais baixa, enquanto a beldroega teve a mais alta (0,61 e 0,76 cm, respetivamente). Na estação 2, o controlo teve a média mais baixa, embora tenha sido mais elevada do que na estação 1. Não houve diferença significativa entre o controlo e a cobertura vegetal na estação 2. O tratamento com beldroegas produziu a média mais elevada em ambas as estações. Não se registou uma diferença significativa entre as variedades utilizadas.

Os resultados da estufa mostraram que havia uma diferença significativa nos métodos de salinidade utilizados (Quadro 9b e Apêndice IXc).

Quadro 9: Efeitos do método de mitigação da salinidade e da variedade na largura das vagens (cm)

(a) Experiência de campo

Treatment	Rep 1	Rep 2	Rep 3	Mean
Control	4.0	4.7	5.0	4.6**b**
Mulching	6.7	5.5	6.0	6.1**a**
Purslane	7.2	6.7	6.8	6.9**a**
$DMRT_{0.05}$		1.2		
Mean	**6.0a**	**5.6a**	**5.9a**	
$DMRT_{0.05}$			1.2	
CV (%)			9.3	

Legenda: As médias dentro de uma linha ou coluna com letras diferentes são significativamente diferentes ($p \leq 0,05$).

(b): Experiência em estufa

Treatment	Rep 1	Rep 2	Rep 3	Mean
Control	0.3	0.3	0.4	**0.3c**
Mulching	0.5	0.5	0.5	**0.5b**
Purslane	0.6	0.7	0.7	**0.7a**
$DMRT_{0.05}$				0.1
Mean	**0.5b**	**0.5ab**	**0.5a**	
$DMRT_{0.05}$			0.1	
CV (%)			4.4	

Legenda: As médias dentro de uma coluna com letras diferentes são significativamente diferentes (p≤ 0,05).

SEASON 1					SEASON 2			
Treatment	V1	V 2	V3	**Mean**	V1	V2	V3	**Mean**
Control	0.7	0.5	0.6	**0.6b**	0.6	0.8	0.6	**0.7b**
Mulching	0.7	0.6	0.7	**0.7ab**	0.7	0.6	0.8	**0.7b**
Purslane	0.8	0.7	0.7	**0.8a**	0.8	0.8	0.8	**0.8a**
$DMRT_{0.05}$				**0.1**			**0.1**	
Mean	**0.7a**	**0.6a**	**0.7a**		**0.7a**	**0.7a**	**0.7a**	
$DMRT_{0.05}$			0.2				0.2	
CV (%)			15.5					14.1

Legenda: As médias dentro de uma coluna com letras diferentes são significativamente diferentes (p≤ 0,05).

4.11 Efeitos do método de mitigação da salinidade e da variedade no peso das vagens (g m^{-2})

Houve uma diferença significativa entre os métodos de mitigação da salinidade investigados nesta experiência em ambas as estações, como se pode ver no Quadro 10a e nos Apêndices Xa e b. Na estação 1, a cultura intercalar de feijão-frade com beldroegas, com uma média de 3182 g m^{-2}, foi significativamente diferente do mulching e do controlo, com médias de 2184g m^{-2} e 1861 g m^{-2}, respetivamente. Na estação 2, todos os três tratamentos diferiram significativamente uns dos outros. O controlo teve uma média de 2022 g m^{-2}, o mulching teve 2568 g m^{-2} e a cultura intercalar com beldroegas teve a média mais elevada de 3563g m^{-2}. Em geral, o peso médio das vagens foi mais elevado na segunda época, com 2718 g m^{-2}, em comparação com a primeira época, em que foi de 2408 g m^{-2}. A variedade não teve efeito significativo no peso das vagens do feijão francês em nenhuma das estações. Não se registaram diferenças significativas na experiência em estufa (quadro 10b e apêndice Xc).

Quadro 10: Efeitos do método de atenuação da salinidade e da variedade no peso das vagens (g m^{-2})

(a) Experiência de campo

SEASON 1					SEASON 2			
Treatment	V1	V2	V3	**Mean**	V1	V2	V3	**Mean**
Control	1989	1604	1991	**1861b**	2063	1998	2005	**2022c**
Mulching	2286	2017	2249	**2184b**	2628	2700	2376	**2568b**
Purslane	3496	2912	3137	**3182a**	4007	3287	3395	**3563a**
$DMRT_{0.05}$				432				436

Mean	2590a	2178a	2459a	2899a	2662a	2592a
$DMRT_{0.05}$		956			752	
CV (%)		18			16	

Legenda: As médias dentro de uma linha ou coluna com letras diferentes são significativamente diferentes ($p \leq 0,05$).

(b): Experiência em estufa

Treatment	Rep 1	Rep 2	Rep 3	Mean
Control	2160	2700	2592	**2484b**
Mulching	2808	3240	3456	**3168ab**
Purslane	5184	3672	3780	**4212a**
$DMRT_{0.05}$				1501
Mean	**3384a**	**3204a**	**3276a**	
$DMRT_{0.05}$			1501	
CV (%)				20.1

Legenda: As médias dentro de uma coluna com letras diferentes são significativamente diferentes ($p \leq 0,05$).

4.12 : Efeito dos métodos de atenuação da salinidade nos níveis de iões nas folhas

O quadro 11 e os apêndices XIa - c abaixo mostram que, na cultura intercalar de beldroegas, os níveis de sódio e cloreto foram mais baixos, enquanto os níveis de potássio foram mais elevados. A cobertura morta e o controlo produziram níveis elevados de sódio e cloretos. A concentração de potássio foi mais baixa no controlo.

Quadro 11: Efeito da atenuação da salinidade nos níveis de sal (Na^+, K^+, Cl^-) (J^1g/g) nas folhas de feijão

Treatment	Na^+	K^+	Cl^-
Control	16.7a	3.7c	17.3a
Mulching	12.0b	7.7b	15.7a
Purslane	9.0c	12.3a	7.7b
$DMRT_{0.05}$	2.9	2.4	2.4
CV (%)	10.1	13.4	7.8

Legenda: As médias dentro de uma coluna com letras diferentes são significativamente diferentes ($p \leq 0,05$).

4.13 . Capacidade da beldroega para reduzir a salinidade do solo

Os resultados obtidos na experiência mostram que os níveis de salinidade foram geralmente mais elevados na época 1 do que na época 2 (Quadro 12 e Apêndice XIIa e b) em todos os tratamentos. As parcelas consorciadas com beldroegas apresentaram níveis de salinidade significativamente mais baixos no final da segunda época. Os resultados da estufa não revelaram qualquer significância (Quadro 12b e Apêndice XIIc).

Quadro 12: Níveis de salinidade (dSm^{-1}) no início e no fim da experiência

	Season 1		**Season 2**		**Green house**	
Treatment	Start	End	Start	End	Start	End
Control	3.9	3.9**a**	3.9	3.9**a**	3.9	3.9**a**
Mulching	3.9	3.6**b**	3.7	3.5**b**	3.9	3.7**a**
Purslane	3.9	3.3**c**	3.4	3.3**c**	3.9	3.6**a**
Mean		**3.6**		**3.5**		**3.7**
$DMRT_{0.05}$		0.1		0.2		0.4
CV (%)		5.5		0.6		3.1

Legenda: As médias dentro de uma coluna com letras diferentes são significativamente diferentes ($p \leq 0,05$).

CAPÍTULO 5
DISCUSSÃO

5.1 Caracterização do solo

Os solos da área de estudo apresentavam uma salinidade elevada (Quadro 1 e Apêndices Ia-e), um fator que prejudicou o crescimento e o rendimento do feijão francês devido ao facto de a cultura ser sensível à salinidade. A salinidade elevada é visível nas queimaduras das folhas e na germinação irregular das culturas. Devido às altas temperaturas e à fraca precipitação, não há lixiviação que possa ajudar a baixar os níveis de salinidade como no campo (Munns, 2002a).

5.2 Efeitos do método de mitigação da salinidade e da variedade nos dias até 50% de emergência

O presente estudo mostrou que, na época 1, nenhum dos tratamentos teve qualquer diferença significativa em relação aos outros no que respeita ao número de dias até à emergência. Isto pode ser devido ao facto de os tratamentos aplicados não terem tido tempo suficiente para exercer os seus efeitos (Quadro 2 e Apêndices IIa - c).

A salinidade no início da experiência na época 1 era mais elevada do que no início da época 2 e pode ser a razão pela qual as sementes demoraram mais tempo a emergir.

O atraso na emergência das plântulas na época 1 está de acordo com Al - Niemi et al., (1992) que concluíram que a inibição da emergência das plântulas pode ser devida a uma diminuição do potencial osmótico da zona radicular sob o efeito de sais excessivos que reduzem a capacidade da semente de absorver humidade para a expansão do embrião, levando a um atraso na emergência das plântulas. Segundo Maas e Grattan, (1999), a salinidade atrasa a emergência.

Os resultados relatados na época 2 demonstraram que os métodos de mitigação da salinidade tiveram uma influência significativa no número de dias para a emergência das plântulas. O controlo teve o maior número médio de dias para a emergência e pode ser atribuído à elevada concentração de sal. Como relatado por Qu et al., (2008), os iões tóxicos (Na^+ e Cl^-) retardaram o crescimento do radical, pelo que as plântulas não conseguiram emergir adequadamente e a tempo.

A cobertura morta teve um número médio intermédio de dias até à emergência, o que pode dever-se ao facto de a cobertura morta cobrir o solo e reduzir a evapotranspiração do solo, diminuindo assim a salinização (Ellis et al., 2000).

Isto também se verificou na experiência em estufa. Nas parcelas que tinham beldroegas como cultura intercalar, houve uma média de 7,11 no número de dias para a emergência, o que é próximo do normal em solo não salino e pode ser devido às actividades da beldroega na redução da salinidade do solo na época 1. Os resultados estão de acordo com Rabhi et al., (2010) que descobriram que a beldroega reduz a acidez do solo.

Contrariamente às conclusões de Chauhan e Singh (2000), segundo as quais existe uma enorme variabilidade no que respeita à tolerância ao sal entre diferentes cultivares de todas as leguminosas, este estudo não encontrou qualquer diferença significativa entre as três cultivares de feijão francês utilizadas no que respeita aos dias até à emergência. A ausência de diferenças varietais indica que todas as variedades de feijão francês são sensíveis à salinidade.

5.3 Efeitos do método de mitigação da salinidade e da variedade na percentagem de emergência

O estudo mostrou que, na estação 1, no campo e na estufa, não houve diferença significativa entre os métodos de mitigação da salinidade no que respeita à percentagem de emergência (Quadro 3 e Apêndices IIIa - c). As sementes plantadas foram igualmente afectadas pela salinidade do solo. Nesta estação, todas as parcelas apresentavam uma salinidade elevada que afectou igualmente a germinação. Shahid et al., (2011), trabalhando com ervilha de jardim (Pisum sativum), observaram que o stress salino reduziu acentuadamente a percentagem de germinação e atribuíram-no à deposição excessiva de iões Na^+ e Cl^- nos tecidos das sementes que comprometem o metabolismo da germinação ao afetar a mobilização de reservas minerais e orgânicas. Outro investigador constatou que concentrações elevadas de sal exógeno afectam a germinação das sementes, o défice hídrico causa um desequilíbrio iónico dos iões celulares, resultando em toxicidade iónica e stress osmótico (Khan e Panda, 2008).

Em algumas parcelas, as sementes não germinaram e foram encontradas intactas três semanas após a plantação. Isto pode ser atribuído ao stress salino, que influencia negativamente a hidratação das proteínas e perturba muitas actividades enzimáticas nos tecidos das sementes, pelo que estas não germinam (Garg et al., 1993). Os resultados estão de acordo com Jeannette et al., (2002) que descobriram que, a níveis elevados de salinidade, a percentagem de germinação diminuía significativamente.

A variedade teve um efeito significativo entre as três variedades testadas. A variedade 2 teve a maior percentagem de germinação na época 1. A estação 1 foi uma estação de chuvas curtas e, devido à baixa precipitação e às altas temperaturas, a evapotranspiração foi alta e, portanto, a salinidade ultrapassou o limite das outras duas variedades. Na época 2, juntamente com os efeitos do tratamento, houve chuvas abundantes que, em parte, lixiviaram alguns sais da zona radicular, pelo que não houve diferença varietal em termos de percentagem de germinação, uma vez que o nível de salinidade estava dentro do limiar de todas as variedades de feijão francês.

5.4 Efeitos do método de mitigação da salinidade e da variedade na contagem de estacas às 2 semanas

Da experiência, não houve diferenças significativas entre os métodos de mitigação da salinidade utilizados na estação 1 e na estufa no que respeita à contagem de estandes às duas semanas após a emergência (Quadro 4 e Apêndices IVa-c). Isto deve-se ao facto de os métodos utilizados necessitarem de algum tempo antes de poderem ter impacto. Nessa altura, os iões Na^+ e Cl^- não se tinham acumulado suficientemente no francês para poderem afetar a contagem dos estandes. Na época 2, no entanto, houve uma diferença significativa nas medidas de mitigação da salinidade adoptadas. A utilização de beldroegas resultou na maior contagem de estandes. Isto pode dever-se ao facto de, na época 2, os níveis de salinidade nas parcelas de beldroegas serem inferiores aos das restantes.

A utilização de cobertura morta resultou na maior contagem de estandes na época 1 e numa contagem intermédia na época 2, devido ao facto de a cobertura morta exercer os seus efeitos imediatamente, controlando a evapotranspiração do solo (Ellis et al., 2000). A partir dos resultados obtidos, ficou claro que os problemas de sal são mais graves em condições quentes e secas do que em condições frescas e húmidas proporcionadas pelo mulch. Os resultados estão de acordo com os de Ramon et al., (2014). Como consequência da redução da evaporação, a cobertura vegetal do solo beneficia a conservação da água, particularmente na camada superficial do solo, diminui a evapo-concentração dos sais presentes na água de irrigação e na solução do solo e minimiza a salinização e a sodicação do solo (Zhang et al., 2008), A menor contagem de estandes foi no controle que tinha solo nu expondo o solo à secagem devido à evaporação. À medida que o solo seca, os sais concentram-se na solução do solo, aumentando o stress salino que resulta numa germinação deficiente. Nas suas experiências com arroz, Anbumalarmathi, (2013) concluiu que a salinidade resulta num fraco estande da cultura devido à diminuição da germinação das sementes.

Na estação 2, houve uma grande diferença significativa entre os diferentes métodos de mitigação da salinidade, de acordo com a contagem de estandes em 2 semanas. A maior contagem de estandes registada nas parcelas que tinham a cultura intercalar de beldroegas pode ser atribuída à atividade da beldroega de absorver os sais do solo, reduzindo assim a salinidade. Uma vez que as mesmas parcelas foram plantadas com beldroegas na primeira época, tiveram o privilégio de ter a salinidade do solo reduzida pela halófita. Na experiência de controlo, algumas plantas de feijão francês morreram logo após a emergência, o que diminuiu ainda mais o número de plantas.

5.5 Efeitos da variedade e do método de atenuação da salinidade no número de pés aquando da colheita

Do estudo, as parcelas de beldroegas registaram um número significativamente mais elevado de plantas na colheita em ambas as épocas no campo e na estufa (Quadro 5 e Apêndices Va-c). Observou-se que, no decurso da experiência, as plantas podiam murchar e morrer. Isto deve-se aos sais acumulados nos rebentos que matam a planta por toxicidade iónica com exposição prolongada (Zeinolabedin, 2012). O murchamento e a eventual morte de plantas sujeitas a stress salino são alguns dos efeitos comprovados do stress salino (Sairam e Tyagi, 2004). Estudos de campo e de estufa sobre o arroz mostraram que a salinidade teve um impacto negativo no estabelecimento do povoamento e afectou negativamente uma série de componentes do rendimento (Grattan et al., 2002).

Verificou-se uma maior mortalidade das plantas nas parcelas de controlo. As parcelas com cobertura vegetal tiveram uma perda moderada de plantas, enquanto as parcelas intercaladas com beldroegas tiveram uma perda insignificante de plantas. O aumento da mortalidade e senescência das folhas é o resultado do movimento de iões através do fluxo de transpiração e da acumulação nas folhas, como concluíram Yeo et al., (1991).

Em concentrações elevadas de sal, as plantas não conseguiram regular a concentração de iões, uma vez que podem ter ocorrido disfunções fisiológicas graves que conduziram a uma diminuição das taxas de crescimento e, eventualmente, à morte celular, levando à morte de toda a planta (Ambede, 2012). Os danos nos rebentos e nas raízes causados pela toxicidade iónica, pelos efeitos osmóticos ou por ambos podem ter contribuído para a diminuição observada nos povoamentos das culturas que precederam a morte das plantas em situação de elevado stress.

5.6 Efeitos do método de atenuação da salinidade e da variedade na altura das plantas do feijão francês aquando da colheita

Do estudo, as parcelas de beldroegas registaram plantas significativamente mais altas em ambas as estações e na estufa (Quadro 6 e Apêndices VIa-c). Este facto é atribuído à diminuição da salinidade nestas parcelas.

Um elevado teor de sal no solo afecta a porosidade do solo e também diminui o potencial hídrico do solo, o que resulta numa seca fisiológica. Um elevado teor de sal também afecta a fisiologia das plantas, tanto ao nível celular como ao nível da planta inteira (Murphy e Durako, 2003). A salinidade reduz a capacidade das plantas para utilizar a água e provoca uma redução da taxa de crescimento, bem como alterações nos processos metabólicos das plantas (Munns, 2002).

A altura baixa foi registada no controlo. Nestas parcelas, não foi adoptada qualquer medida de mitigação da salinidade. A taxa de evapotranspiração era elevada, pelo que as plantas apresentavam stress por salinidade. Os resultados estão de acordo com Shahid et al., (2011) que descobriram que o stress salino diminui o potencial hídrico do meio de crescimento. Isto leva à redução do turgor celular, o que inibe o alongamento e a divisão celular, parando assim o crescimento da planta. Os iões tóxicos (Na^+ e Cl^-) também limitam o alongamento e a diferenciação celular, o que pode levar à redução do crescimento das plantas em condições salinas (Shahid et al., 2011). Ghoulam et al., (2002) afirmaram que a salinidade excessiva reduz o crescimento das plantas principalmente porque aumenta a energia que deve ser gasta para adquirir água da zona radicular e para fazer os ajustes bioquímicos necessários para sobreviver sob stress. Estes resultados são apoiados pelos de Memon et al., (2010) no seu estudo sobre Brassica campestris L. onde indicaram que a utilização de baixas concentrações de cloreto de sódio levou a aumentos no comprimento das plantas, enquanto concentrações mais elevadas causaram escassez.

Registou-se uma diferença significativa entre as variedades na época 1. A variedade 3 foi a mais baixa, enquanto a variedade 1 produziu as plantas mais altas. Isto pode dever-se à manutenção bem sucedida do turgor celular em condições salinas, tal como referido por Ashraf et al., (2008) no seu estudo sobre ervilha. Ghoulam et al., (2002) concluíram que o grau de redução do crescimento pela salinidade difere muito consoante a espécie e, em menor grau, consoante a variedade. Na época 2 não se registaram diferenças significativas entre as variedades. Isto pode ser atribuído ao facto de, durante esta estação, ter havido mais precipitação do que na primeira estação e de os sais poderem ter sido lixiviados para além da zona radicular das plantas.

A salinidade reduzida pode ter-se situado no limiar de salinidade da variedade 3.

5.7 Interação entre o método de mitigação da salinidade e a variedade na altura da planta na época 2 Os resultados do estudo mostraram que a combinação dos métodos de mitigação da salinidade e da variedade teve uma influência significativa na altura da planta na época 2 (Quadro 6 e Apêndice VIb). Este facto é atribuído aos efeitos aditivos dos dois parâmetros.

5.8 Efeitos do método de mitigação da salinidade e da variedade no número de dias até 50% de floração

O estudo mostra que houve diferenças significativas nos métodos de mitigação da salinidade utilizados em todos os estudos (Quadro 7 e Apêndices VIIa-c). As parcelas de beldroegas demoraram mais tempo a florescer do que as parcelas com cobertura vegetal e as parcelas de controlo. Isto deve-se às adaptações destinadas à produção de sementes antes de a cultura sucumbir à salinidade. Verificou-se que há um desenvolvimento acelerado e senescência em plantas sob stress salino (Zeinolabedin, 2012).

A estação 1, com uma salinidade mais elevada devido à fraca precipitação e ao facto de as medidas de controlo não terem tido muito efeito, levou menos tempo do que a estação 2 para florescer. Na estação 2, os efeitos dos tratamentos da estação 1 estavam em jogo e houve mais precipitação, o que pode ter lixiviado alguns sais para além da zona radicular das culturas.

5.9 Efeitos do método de redução da salinidade e da variedade no comprimento das vagens

O comprimento mais elevado das vagens significa que as parcelas com cobertura vegetal e as parcelas intercaladas com beldroegas podem ser atribuídas às temperaturas mais frescas concedidas pelo ato de cobertura e à mitigação da salinidade alcançada (Quadro 8). As baixas medições no controlo devem-se ao facto de o solo exposto perder muito mais água, levando à deposição de sal em torno da zona radicular. Houve uma melhoria geral no comprimento das vagens na época 2 devido ao facto de que, mesmo durante a época baixa, a beldroega promíscua e o mulch continuaram com os seus efeitos de mitigação. Assim, as culturas cultivadas em parcelas com medidas de mitigação da salinidade não tiveram de utilizar grande parte dos seus recursos para contrariar os efeitos adversos da salinidade, o que conduziu a vagens maiores (Apêndices VIIIa e b). Na estufa, os vasos de beldroegas tiveram a média mais elevada pela mesma razão de a salinidade ter sido atenuada (Quadro 8b e Apêndice VIIIc).

No controlo, o comprimento médio das vagens registado foi o menor. Isto deve-se ao facto de as parcelas terem uma salinidade mais elevada. Estes resultados são apoiados por Jamil e Rha, (2007) que concluíram que, em ambientes salinos, a atividade fotossintética diminui, levando a uma redução do crescimento das plantas, da área foliar e do teor de clorofila, o que afecta o desempenho das culturas em diferentes fases de crescimento.

5.10 Efeitos do método de mitigação da salinidade e da variedade na largura das vagens

Os resultados da experiência (Quadro 9a e Apêndices IXa e b) mostraram que, em ambas as estações, as parcelas de beldroegas tinham uma maior largura de vagem do que as parcelas com cobertura morta e as parcelas de controlo. Isto também se verificou na experiência em estufa (Quadro 9b e Apêndice IXc). Isto pode dever-se ao efeito da salinidade nas parcelas com cobertura morta e nas parcelas de controlo. Os resultados estão de acordo com vários estudos que mostraram que os teores de clorofila diminuíram significativamente sob stress salino elevado, uma vez que são sensíveis à exposição ao sal e uma redução dos níveis de clorofila devido ao stress salino foi relatada em várias plantas, como a ervilha (Ahmad e Jhon, 2005), o trigo (Ashraf et al., 2008) e o arroz (Anuradha e Rao, 2003).

5.11 Efeitos do método de mitigação da salinidade e da variedade no peso das vagens

Como se pode ver no Quadro 10 e nos Apêndices Xa - c, houve diferenças significativas entre os métodos de mitigação da salinidade em ambas as estações, tanto no campo como na estufa. As parcelas que praticaram métodos de mitigação da salinidade sofreram menos danos por efeitos atribuídos à salinidade. Os resultados estão de acordo com Duzdemir et al., (2009) que trabalharam com ervilha e descobriram que o aumento da salinidade do solo resultou em reduções significativas no número de vagens e no peso seco das vagens ou no número de sementes e no peso seco das sementes. Sultana et al., (2000) descobriram que a redução da fotossíntese nas plantas salinizadas levou a baixas concentrações de assimilados nas folhas, de modo que os baixos níveis e a fraca translocação de assimilados da fonte reduziram a matéria seca dos grãos. Este facto também contribuiu para uma diferença no peso das vagens nos diferentes tratamentos.

As parcelas com culturas intercalares de beldroegas apresentaram pesos de vagem mais elevados do que as restantes. Isto pode ser atribuído ao facto de, no seu crescimento normal, a beldroega absorver os sais do solo e baixar a salinidade do solo para um nível propício ao crescimento da fava.

Sob stress de salinidade no controlo, as plantas registaram baixos rendimentos devido aos efeitos adversos da salinidade. De um modo geral, as plantas tiveram rendimentos fracos porque não estavam a funcionar no seu potencial máximo. A redução da fotossíntese sob salinidade é atribuída ao encerramento dos estomas, o que leva a uma redução da concentração intercelular de dióxido de carbono (Stepien e Klobus, 2006). Os resultados de uma experiência realizada por Taffouo et al. (2010) indicam que a salinidade reduz o teor de pigmentos fotossintéticos nas plantas tratadas. Com a fotossíntese reduzida, não há material fotossintetizado suficiente para ser armazenado nas vagens.

5.12 Efeito da atenuação da salinidade nos níveis de iões (Na^+, K^+, Cl^-) nas folhas de feijão francês

Os níveis elevados de Na^+ e de iões Cl^- nas parcelas de controlo e de cobertura morta (Quadro 11 e Apêndices XIa-c) são o resultado da ocorrência de níveis elevados de sais de NaCl no solo. Sal elevado (NaCl) pelas plantas compete com a absorção de K^+ (Grattan e Grieve, 1999). Isto explica os baixos níveis de iões K^+ nas plantas cultivadas nos tratamentos de controlo e de cobertura morta.

Nas parcelas tratadas com beldroegas, os níveis de iões de potássio eram elevados e os de Na e Cl^- baixos devido à redução da salinidade pela beldroega. Os resultados estão de acordo com os de Kilic et al., (2008) que descobriram que a beldroega removeu 210 $kgha^{-1}$ de Cl^- e 65 $kgha^{-1}$ de Na^+ quando cultivada a 6,5 dSm^{-1} como uma cultura intercalar em pomares de frutas durante uma estação de crescimento. Os resultados de Zhang et al., 2008, mostraram que os teores de Na^+ e Cl^- foram elevados pelo stress salino no trigo e estavam relacionados com a redução da área foliar.

5.13 Efeito da beldroega na redução da salinidade do solo

Como se pode ver no quadro 13 e nos apêndices XIIa e b, a beldroega tem a capacidade de reduzir a salinidade do solo a um nível rizosférico. A beldroega forma um tapete denso que cobre o solo e impede o aparecimento de outras plântulas. O seu crescimento agressivo e prostrado sugeriu que a beldroega pode ser utilizada como cobertura vegetal viva intercalada com uma cultura em linha, por exemplo brócolos, cujo rendimento não foi reduzido (Ellis et al., 2000).

No tomate, foi observado que a concentração de Na^+ nas folhas foi reduzida em 36% quando cultivado com beldroegas, enquanto a produção de frutos aumentou em 33% (Graifenberg et al., 2003). A beldroega removeu 210 kg/ha de Cl^- e 65 kg/ha de Na quando cultivada a 6,5 dSm^{-1} como cultura intercalar em pomares de fruta durante uma estação de crescimento (Kilic et al., 2008).

Os efeitos da associação com plantas halófitas são encorajadores, uma vez que se pode detetar uma tendência geral para a atenuação do estado de stress nas plantas de tomate (Albaho e Green 2000). Já Graifenberg et al., (2003) observaram resultados óptimos para a beldroega em termos de redução do stress salino.

CAPÍTULO 6

CONCLUSÕES E RECOMENDAÇÕES

6.1 Conclusões

A investigação permite tirar as seguintes conclusões:

i. Os solos em partes de Nyatike são salinos e não podem suportar uma produção rentável de feijão francês, a menos que sejam implementados factores de mitigação.

ii. O crescimento e o rendimento do feijão francês consorciado com beldroegas registaram uma melhoria gradual em épocas sucessivas.

iii. A cobertura morta, como método convencional de mitigação da salinidade do solo, também mostrou uma melhoria dos rendimentos, embora o efeito se tenha revelado de curta duração.

iv. A beldroega tem a capacidade de atenuar a salinidade do solo. A fitodesalinização é uma técnica emergente que pode ser utilizada para lidar com problemas de salinidade/sodicidade em regiões áridas e semi-áridas.

v. Todas as diferentes variedades de feijão francês testadas são sensíveis à salinidade.

6.2 Recomendações

i. Antes de se lançarem na produção de feijão francês, os agricultores devem mandar analisar os seus solos para detetar a salinidade, entre outros factores que reduzem o rendimento.

ii. Os agricultores de Nyatike cujos solos são salinos devem ser aconselhados a utilizar a beldroega como cultura intercalar nos campos onde se cultiva a fava.

iii. Os agricultores devem ser sensibilizados para os muitos outros benefícios da beldroega, de modo a adoptarem a planta e não a verem apenas como uma erva daninha.

iv. Deve ser feita mais investigação para descobrir os mecanismos exactos através dos quais a beldroega reduz a salinidade do solo.

REFERÊNCIAS

Abbas, W., Ashraf, M. e Akram, N.A. (2010): Alívio dos efeitos adversos induzidos pelo sal na planta do ovo (Solanum melongena L.) por glicina-betaína e extractos de beterraba sacarina. Horticultura Científica, 125:188-195.

Ahmad, P. e Jhon, R. (2005): Efeito do stress salino no crescimento e nos parâmetros bioquímicos da ervilha (Pisum sativum L.). Soil Science, 51: 665- 672.

Akhavan, K; Campbell, W; Jurinak, J. e Dudley, L. (1991): Efeitos de CaSO4, CaCl2 e NaCl no nitrogênio da folha, peso do nódulo e atividade de redução de acetileno em Phaseolus vulgaris L. Arid Soil eRstoration and Rehabilitation, 5: 97-103.

Albaho, M.S. e Green, J. (2000): Suaeda salsa, uma planta companheira dessalinizante para o tomate de estufa. Horticultural Science, 35: 620-623

Al-Niemi, T. S., Campbell, W. F. e Rumbaugh, M. D. (1992): Resposta de cultivares à salinidade durante a germinação e o pós-crescimento. Crop Science, 32: 976-980.

Anbumalarmathi, J. e Preeti, M. (2013): Efeito do stress salino na germinação de variedades de arroz indica. Jornal de Ciências Biológicas, 3: 112- 115.

Anuradha, S. e Rao, S.S.R. (2003): A aplicação de brassinosteróides a sementes de arroz (Oryza sativa L.) reduziu o impacto do stress salino no crescimento e melhorou os níveis de pigmentos fotossintéticos e a atividade da redutase do nitrato. Regulação do Crescimento das Plantas, 40: 29-32.

Asch, F; Dingkuhn, M. e Dorffling, K. (2000): Salinity increases CO_2 assimilation but reduces growth in field-grown, irrigated rice. Planta e Solo, 218: 1 - 10

Asea, G., Onaga, G., Phiri, N. A., Karanja, D. K. e Nzioka, P. (2010): Manual de produção de sementes de arroz de qualidade: "Transferência e disseminação de tecnologias agrícolas emergentes do Novo Arroz para África, (NERICA): Melhorar o acesso a sementes de qualidade através de parcerias público-privadas no Uganda". Instituto Nacional de Investigação de Recursos Agrícolas, Kampala, Uganda.

Ashraf, M., Athar, H. R., Harris, P. J. C. e Kwon, T. R. (2008): Algumas estratégias prospectivas para melhorar a tolerância das culturas ao sal. Avanços em Agronomia, 97: 45-110.

Beltran, J. M. e Manzur, C.L. (2005): Overview of salinity problems in the world and FAO strategies to address the problem. Actas do Fórum Internacional sobre Salinidade; Riverside, Califórnia, 1: 311-313.

Bernstein, N., Silk, W. K. e Läuchlii, A. (1995): Growth and development of sorghum leaves under conditions of NaCl stress: possible role of some mineral elements in growth inhibition. Fisiologia Vegetal, 196: 699-705

Bhantana, P. e Lazarovitch, N. (2010): Evapotranspiração, coeficiente de cultura e crescimento de duas variedades jovens de romã (Punica granatum L.) sob stress salino. Agricultural Water Management, 97:715-722.

Brady, N.C. e Weill, R.R. (2002): The Nature and Properties of Soils. 13ª edição. Prentice Hall, Upper Saddle River.

Brugnoli, E. e Bjorkman, M. (1992): Effects of salinity on stomatal conductance, photosynthetic capacity, and carbon isotope discrimination of salt-tolerant cotton (Gossypium hirsutum, L.) and salt-sensitive beans (Phaseolus vulgaris, L.) C3- non- halophytes. Plant Physiology, 95: 628-635.

Carvajal, V., Mart'rnez, C. F. e Alcaraz, A. (1999): Função fisiológica dos canais de água, como afetado pela salinidade em raízes de pimenta pimentão. Fisiologia Vegetal, 105: 95- 101.

Chauhan, M. P. e Singh, I. S. (2000): Variability estimates and identifying chick pea genotypes for yield and yield attributes in salt affected soil. Legume Research. 23: 199-200

Cros, V. (2007): Bons rendimentos de beldroegas com um elevado teor de ácidos gordos podem ser obtidos num sistema flutuante à base de turfa. Tecnologia hortícola 17: 14-20

Duzdemir, O., Kurunc, A. e Unlukara, A. (2009): Resposta da ervilha (Pisum sativum) à salinidade e ao regime hídrico de irrigação. Jornal Búlgaro de Ciências Agrícolas, 15: 400-409.

Ecocrop, (2013): Base de dados Ecocrop. FAO, Roma, Itália.

Ellis, D.R., Guillard, K. e Adams, R.G. (2000): Purslane as a living mulch in broccoli production. Jornal Americano de Agricultura Alternativa, 15: 50- 59

Essa, T.A. (2002): Effect of salinity stress on growth and nutrient composition of three soybean (Glycine max L.) cultivars. Journal of Agronomy and Crop Science. 188: 86-93.

FAO, (2008): Serviço de gestão da nutrição das terras e das plantas. Revista Agriculture 21, 2008.

FAO, (2013): Relatório da Organização das Nações Unidas para a Alimentação e a Agricultura.

Flowers, T. J. e Lauchli, A. (1983): Nutrição inorgânica de plantas: Sódio versus potássio: substituição e compartimentação. Enciclopédia de Fisiologia Vegetal, 15: 651- 681.

Fowler, J. L., Hageman, J. H., Moore, K. J., Suzukida, M., Assadian, H. e Valenzuela, M. (1992): Efeitos da salinidade na qualidade da forragem do cardo russo. Journal of Range Management, 45: 559-563.

François, L. E. e Maas, E.V. (1994): Resposta das culturas à gestão em solos afectados por sal. Handbook of Plant and Crop Stress, 3: 149-181.

Garg, B. K., Vyas, S. P., Kathju, S., Lahiri, A. N., Mali, P. C. e Sharma, P. C. (1993): Salinity-fertility interaction on growth, mineral composition and nitrogen metabolism of Indian mustard. Journal of Plant Nutrition, 16:1637-1650.

Ghoulam, C., Foursy, A. e Fares, K. (2002): Effects of salt stress on growth, inorganic ions and proline accumulation in relation to osmotic adjustment in five sugar beet cultivars. Botânica Experimental Ambiental, 47: 39-50.

Goyal, S.S., Sharma, S.K., Rains, D.W. e Lauchli, A. (1999): Long term reuse of drainage waters of varying salinities for crop irrigation in a cotton-safflower rotation system in the San Joaquin Valley of California - A nine year study of Cotton (Gossypium hirsutum L.). Journal of Crop Production, 2, 181-213.

Graifenberg, A., Botrini, L., Giustiniani, L., Filippi, F. e Curadi, M. (2003): Cultivo de tomate em condições salinas com plantas biodessalinizantes: Salsola soda L., e Portulaca oleracea L. Ata Horticulturae, 609: 301-305.

Grattan, S. R. e Grieve, C. M. (1999): Aquisição e resposta de nutrientes minerais por plantas cultivadas em ambientes salinos. New York Agricultural Journal. 1: 203-229.

Grattan, S.R., L. Zeng, M.C. Shannon e S.R. Roberts (2002): Rice is more sensitive to salinity than previously thought. Agricultura Californiana, 56:189-195.

Greenway, H. e Munns, R. (1980): Mecanismo de tolerância ao sal em não-halófitas. Revisão Anual de Fisiologia Vegetal, 27: 89-93.

Grieve, A. M., Prior, D. L. e Bevington, B. K. (2007): Efeito a longo prazo da água de irrigação salina no crescimento, rendimento e qualidade dos frutos das laranjeiras Valência. Plant and Soil, 45: 313-317.

Grieve, C.M. e Suarez D.L. (1997): Purslane (Portulaca oleracea L.): uma cultura halófita para sistemas de reutilização de águas de drenagem. Plant and Soil, 192: 277-283.

Haar, M. e Fennimore S. (2003): Avaliação de práticas integradas para a gestão da beldroega (Portulaca oleracea) na alface (Lactuca sativa). Weed Technology, 17: 229-233.

Hasegawa, P.M., Bressan, R.A., Zhu, J.K. e Bohnert, H.J. (2000): Plant cellular and molecular responses to high salinity. Revisão Anual de Fisiologia Vegetal, 30: 105 -107.

HCDA (2009): Horticultural Export Statistics, 2009.

Jacoby, B. (1999): Mechanisms involved in salt tolerance of plants (Mecanismos envolvidos na tolerância das plantas ao sal). Marcel Dekker, Nova Iorque.

Jamil, M. e Rha, E.S. (2007): Resposta do arroz transgénico à germinação e ao crescimento inicial das plântulas sob stress salino. Pakistan Journal of Biological Science, 10: 4303-4306.

Jeanette, S., Richard, C. e Jonathan, P. L. (2002): Fisiologia, produção e tecnologia de sementes: Tolerância à salinidade de espécies de Phaseolus durante a germinação e o crescimento inicial das plântulas. Crop Science, 42: 1584-1594.

Kamal-Uddin, M. D., Juraimi, A. S., Begum, M., Ismail, R. M., Rahim, A.A. e Othman, A. (2009): Composição florística da comunidade de ervas daninhas na área de relva do oeste da Malásia peninsular. Jornal Internacional de Agricultura e Biologia, 11: 13-20.

KARI, (2005): Prioridades de Investigação no KARI- Thika. Relatório do seminário de definição de prioridades realizado no KARI-Thika de 6 [th] a 8 [th] de dezembro de 2005. KARI, Thika.

Kaymakanova, M. e Stoeva, N. (2008): Reação fisiológica das plantas de feijão (Phaseolus vulguris. L.) ao stress salino. Aplicações Gerais de Fisiologia Vegetal, 2008, Edição Especial, 34: 177-188.

Kelly, J. F. e Scott, M. K. (1992): The nutritional value of Snap Beans versus other Vegetables. Snap beans in the developing world: Actas de uma conferência internacional realizada em Cali-Colômbia, 16-20 de outubro de 1989.

Khan, M.H., Panda S.K. (2008): Alterações na peroxidação lipídica da raiz e respostas antioxidantes em duas cultivares de arroz sob stress de salinidade NaCl-. Ata Plant Physiology, 30: 91-89.

Kilic, C. C., Kukul, Y. S. e Anac, D. (2008): Performance of purslane (Portulaca oleracea L.) as a salt-removing crop. Agricultural Water Management, 95, 854-858.

Kumamoto, J., Scora, R.W., Clerx, W. A., Matsumura, W. A., Layfield, D. e Grieve, C. M. (1990): Purslane: uma potencial nova cultura vegetal rica em ácidos gordos ómega 3 com um teor de cloreto de sódio controlável. Actas da 1.ª conferência internacional de novas culturas e produtos industriais, Universidade do Arizona. 8: 229- 233.

Letícia, S., Uttam, S. e David, E. (1999): Teste de Salinidade do Solo, Interpretação de Dados e Recomendações. Revisão Anual de Fisiologia Vegetal, 31:149-190.

Lopez, S. Davies, D.R., Giraldez, F.J., Dhanoa, M.S., Dijkstra, J. e France, J. (2005): Avaliação do valor nutritivo de palhas de leguminosas com base na composição química e na digestibilidade in vitro. Journal of Science, Food and Agriculture, 85: 1550- 1557.

Maas, E. V. e Grattan, S. R. (1999): O rendimento das culturas afetado pela salinidade. Monografia de Agronomia, 6: 55-108

Maas, E.V. e Hoffman, G. J. (1977). Crop salt tolerance: current assessment, Journal of Irrigation and Drainage. 4: 115-134.

Mahajan, S. e Tuteja, N. (2005): Cold, salinity and drought stresses: An overview. Biochemistry and Biophysiology, 444: 139- 153.

Marschner, H. (1995): Mineral Nutrition of Higher Plants. Academic Press London, UK.

Memon, S. A., Hou, X. e Wang, L. J. (2010): Análise morfológica da resposta ao stress salino de pak Choi. Revista Ambiental de Ecologia, 1: 248-254.

Ministério da Agricultura -MOA (2008): "Annual Horticulture Report". Governo do Quénia.

Monda, E. O., Ndegwa, A. M. e Munene, S. W. (2003): Produção de feijão francês nas divisões de Nkuene e

Abogeta do distrito central de Meru, no Quénia. In Proceedings of 6th Biennial African Crop Science Conference. 12-17 de outubro de 2003. Nairobi, Quénia.

Munns, R. (2002a): Comparative Physiology of salt and water stress. Plant Cell Environment, 25: 239-250.

Munns, R. (2002b): Salinity, growth and phytohormones. Salinity and Environment, 1: 271-290.

Munns, R. (2005): Gene e tolerância ao sal: juntando-os. Nova Fisiologia, 1: 167.

Munns, R. e Rawson, H.M. (1995): Effect of salinity on salt accumulation and reproductive development in the apical meristem of wheat and barley (Efeito da salinidade na acumulação de sal e no desenvolvimento reprodutivo no meristema apical do trigo e da cevada). Australian Journal of Plant Physiology, 26: 459-464

Munns, R., James, R.A. e Läuchli A. (2006): Approaches to increasing the salt tolerance of wheat and other cereals. Journal of Experimental Botany, 57: 1025-1043.

Murphy, K. e Durako, M. (2003): Physiological effect of short term salinity changes on Ruppia maritime. Aquatic Botany, 75: 293-309.

Musyimi, D. M. (2005): Avaliação de plantas jovens de abacate (Persea americana Mill.) quanto à tolerância à salinidade do solo através de parâmetros fisiológicos. Universidade de Maseno, Quénia. Dissertação de Mestrado. Dissertação de Mestrado.

Ndegwa, A. M., Muchui, M. N., Wachiuri, S. M. e Kimamira, J. N. (2006): Avaliação de variedades de feijão para adaptabilidade e qualidade das vagens. In Actas da 10ª Conferência Bienal do KARI. KARI Nairobi, Quénia. 13-17 de novembro de 2006.

Ndegwa, A. M., Muchui, M. N., Wachiuri, S. M. e Kimamira, J. N. (2008): Avaliação de linhas avançadas de feijão (Phaseolus vulgaris L.). Linhagens de melhoramento para resistência à ferrugem do feijão, potencial de rendimento e qualidade das vagens. Em Actas da 11ª Conferência Bienal do KARI. KARI- Nairobi, Quénia. 14th -18th Nov. 2008.

Ndegwa, A. M., Muigai, S. G. S., Waciuri, S. M. e Muchui, M. N. (1999): Avaliação de variedades de feijão. Relatório final. KARI- Thika, Quénia.

Ndegwa, A. M., Muthoka, N. M., Gathambiri C.W., Muchui M. N., Kamau M.W. e Waciuri S. M. (2010): Snap bean production, post-harvest practices and constraints in Kirinyaga and Machakos Districts of Kenya.

Nderitu, J. H., Wambua, E. M., Olubayo, F., Kasina, J. M., e Waturu, C. N. (2007): Evaluation of French bean (Phaseolus vulgaris L.) cultivars and breeding lines for resistance to thrips in Kenya. Journal of Entomology, 4: 202-209.

Ndung'u, B. W., Ndegwa, A. M., Muchui, M. N., Irambu, E. M., Kambo, C. M. e Gatambia, E. K. (2004): Informações de base e de referência sobre a produção de produtos hortícolas no distrito de Kirinyaga, no Quénia. Relatório final. KARI- Thika.

Nikos, J. W., Krista, E. P. e James, W. B. (2003): The Basics of Salinity and Effects on Soil Physical Properties. Destaque de informação para o público em geral. Montana State University, 1: 124 - 126.

Parker, M. B., Gaines, T. P; Hook, J. E.; Gascho, G. J. e Maw, B.W. (1987): Chloride and water stress effects on soybean in pot culture. Journal of Plant Nutrition, 21:99-101.

Qasem, J. R. (1992): Acumulação de nutrientes por ervas daninhas e suas culturas hortícolas associadas. Journal of Horticultural Science, 67: 189-195.

Qu, X. X., Huang, Z.Y., Baskin, J.M. e Baskin, C.C. (2008): Effect of temperature, light and salinity on seed germination and radicle growth of the geographically widespread halophyte shrub Halocnemum strobilaceum. Anais de Botânica, 101:293-299

Qureshi, R. H., Aslam M. e Akhtar, J. (2003): Productivity enhancement in the salt-affected lands of Joint Satiana Pilot Project area of Pakistan. Perspectivas globais e integrativas. The Food Products Press, Binghamton, Nova Iorque.

Rabhi, M., Karray-Bouraoui, N., Medini, R., Attia, H., Athar, H., Lachaâl, M., Abdelly C. e Smaoui, A. (2010): Variações sazonais nas capacidades de fitodesalinização de um solo afetado por sal em duas halófitas perenes no seu biótopo natural. Jornal de Investigação Biológica, 14: 181-189

Rains, D.W. (1972): Transporte de sal pelas plantas em relação à salinidade. Revisão Anual de Fisiologia Vegetal, 23: 367-388.

Ramón, A., Eva, T. M. e Ignacio, C. (2014): Eficácia da cobertura vegetal inorgânica e orgânica para o controle da salinidade e sodicidade do solo em um pomar de videira irrigado por gotejamento com águas moderadamente salinas. Revista Espanhola de Investigação Agrária, 3: 211-215.

Raveh, E. (2005): Métodos para avaliar o potencial stress de cloreto em citrinos: Análise de folhas, frutos, seiva do caule-xilema e raízes. Horticultural Technology, 15:104-108.

Romero -Aranda (2002): A neblina de estufa melhora o rendimento das plantas de tomate cultivadas em condições salinas. Journal of the American Society for Horticultural Science, 127: 644 - 648.

Ryan, J., Estefan, G. e Abdul, R. (2001): Análise de solos e plantas (manual de laboratório) 2ª edição. Centro Internacional de Investigação Agrícola nas zonas secas e Centro Nacional de Investigação Agrícola, Síria.

Sairam, R. K. e Tyagi, A. (2004): Physiological and molecular biology of salinity stress tolerance in plants. Current Science, 86: 407- 420.

Shahid, M.A., Pervez, M.A., Balal, R.M., Mattson, N.S., Rashid, A., Ahmad, R., Ayyub, C.M. e Abbas, T. (2011): Brassinosteróide (24-epibrassinolide) aumenta o crescimento e alivia os efeitos deletérios induzidos pelo stress salino na ervilha (Pisum sativum L.). Australian Journal of Crop Science, 5: 500-510.

Shannon, M. C. e Grieve C. M. (1999): Tolerância das culturas hortícolas à salinidade. Horticultura Científica, 78:5-38.

Shannon, M. C., Gronwald, J. W. e Tal, M. (1987): Efeitos da salinidade no crescimento e acumulação de iões orgânicos em espécies de tomate cultivadas e selvagens. Journal of American Society of Horticultural Science, 112: 416-423.

Siringam, K; Juntawong, N.; Cha-um S., Boriboonkaset, T. e Kirdmanee C. (2012): Aumento da tolerância ao sal em mudas de arroz Indica (Oryza sativa L. spp. indica) usando suplementação exógena de sacarose. Plant Omics Journal, 5:52- 59.

Stepien, P. e Klobus, G. (2006): Relações hídricas e fotossíntese em folhas de pepino (Cucumis sativus L.) sob stress salino. Biologia Vegetal, 40: 610-616.

Sultana, N., Ikeda, T. e Itoh, R. (2000): Effect of NaCl salinity on photosynthesis and dry matter accumulation in developing rice grains. Environmental Experimental Botany, 42: 211-220.

Taffouo, V. D., Kouamou, J. K., Ngalangue, L.M.T., Ndjeudji, B.A.N. e Akoa, A. (2010): Efeitos do stress de salinidade no crescimento, partição de iões e rendimento de algumas cultivares de feijão-frade (Vigna unguiculata L.). Jornal Internacional de Botânica, 5: 135-143.

Taiz, L. e Zeiger E. (2002): Fisiologia vegetal. Sinaur Associate, Sunderland. EUA. 1: 283-306.

Ugen, M. A., Ndegwa, A. M. Nderitu, J. H., Musoni, A. e Ngulu, F. (2005): Reforço da competitividade do feijão frade para os mercados interno e de exportação. Documento de proposta completo revisto do projeto ASARECA CGS. ASARECA/ NARO/KARI/UON/ ISAR/SARI.

Van den Berg, C., Hagan, R.M. e Kovda, V. A. (1967): International Source-book on Irrigation and Drainage of Arid Lands in Relation to Salinity and Alkalinity. FAO/UNESCO, Roma.

voor den Dag, T. (2003): Cadeia de exportação de feijão francês do Quénia. Dissertação de Mestrado. Tese, Universidade de Wageningen, Países Baixos.

Wanjogu, S. N., Muya, E. M., Gicheru, P. T. e Waruru, B.K. (2001): Soil degradation: Management and rehabilitation in Kenya. Actas da consulta de peritos da FAO/ISCW sobre Gestão de Solos Degradados na África Austral e Oriental (MADS-SEA) 2nd Reunião de Rede 18th -22nd setembro de 2000, Pretória, África do Sul, 102-113.

Wortmann, C.S. (2006): Feijão francês (Phaseolus vulgaris L.). Registo dos Recursos Vegetais da África Tropical, Países Baixos.

Yeo A. R., Lee K. S., Izard, P., Bowsie, P. J. e Flowers T. J. (1991): Short and long term effects of salinity on leaf growth in rice (Oryza sativa L.). Journal of Experimental Botany, 42:881-889

Yeo, A. R. (1983): Resistência à salinidade: fisiologias e preços. Physiologia Plantarum, 5: 93-97.

Yeo, A. R., Lee, K. S., Izard, P., Boursier, P. e Flowers, T. J. (1998): Efeitos da salinidade no crescimento das folhas do arroz (Oryza sativa L.). Botânica Ambiental, 4: 89 - 94.

Zaza, G. H., Ibrahim, M. R. M., Ali, A. M. e Hassan, F. A. (2009): Avaliação nutricional de alguns subprodutos de culturas vegetais como alimento não convencional na alimentação de coelhos. Egyptian Journal of Rabbit Science, 19: 71-86.

Zeinolabedin, J. (2012): Os efeitos do stress salino no crescimento das plantas. Universidade Islâmica de Azad, filial de Birjand, Birjand, Irão.

Zekri, M. (2004): Estratégias para gerir o problema da salinidade nos citrinos. Actas da Sociedade Internacional de Citrinos, 3: 639-643.

Zhang Q.T., Inoue M., Inosako K., Irshad M., Kondo K., Qui G.Y. e Wang S.H. (2008): Efeito de melhoria da cobertura vegetal na eficiência do uso da água na acumulação de sal da acelga suíça sob irrigação salina. Journal of Food, Agriculture and Environment, 4: 480-485.

Zuccarini, P. (2008): Ion Uptake by Halophytic Plants to Mitigate Saline Stress in tomato (Solanum lycopersicon L.), and different effects of soil and water salinity. Soil and Water Resources, 2: 62-73.

APÊNDICES

1. Anova para caraterização de solos

(a) Condutividade eléctrica(dSm^{-1})

Source	df	SS	MS	F value	Pr>F
Rep	2	0.0030	0.0015	0.56	0.6417
Period	1	0.1873	0.1873	68.93	0.0142
Error	2	0.0054	0.0027		
Total	5	0.1957			

R-Square	CV (%)	Root MSE	Mean
0.97	1.40	0.05	3.71

(b) pH

Source	df	SS	MS	F value	Pr>F
Rep	2	0.0017	0.0017	0.08	0.8075
Period	1	0.0017	0.0017	0.08	0.8075
Error	2	0.0433	0.0217		
Total	5	0.0683			

R-Square	CV (%)	Root MSE	Mean
0.37	1.99	0.15	7.50

(c) Nitratos (µg/g)

Source	df	SS	MS	F value	Pr>F
Rep	2	4.3333	2.1667	1.86	0.3500
Period	1	0.1667	0.1667	0.14	0.7418
Error	2	2.3333	1.1667		
Total	5	6.8333			

R-Square	CV (%)	Root MSE	Mean
0.66	4.29	1.08	25.00

(d) Sódio (µg/g)

Source	df	SS	MS	F value	Pr>F
Rep	2	10.3333	5.1667	31.00	0.0313
Period	1	42.6667	42.6667	256.00	0.0039
Error	2	0.3333	0.1667		
Total	5	53.3333			

R-Square	CV (%)	Root MSE	Mean
0.99	1.21	0.41	33.50

(e) Cloretos (µg/g)

Source	df	SS	MS	F value	Pr>F
Rep	2	13.0000	6.5000	5.57	0.1522
Period	1	60.1667	60.1667	51.57	0.0188
Error	2	2.3333	1.1667		
Total	5	75.5000			

R-Square	CV (%)	Root MSE	Mean
0.97	2.88	1.08	37.83

II. Anova para dias até 50% de emergência

(a) Experiência de campo da época 1

Source	df	SS	MS	F value	Pr>F
Blocks	2	0.8889	0.4444	0.60	0.5587
Variety	2	1.5556	0.7778	1.06	0.3707
Salinity	2	1.5556	0.7778	1.06	0.3707
Varicty * salinity	4	0.8889	0.2222	0.30	0.8724
Error	16	11.7778	0.7361		
Total	26	16.6667			

R-Square	CV (%)	Root MSE	Mean
0.29	10.90	0.86	7.89

(b) Experiência de campo da época 2

Source	df	SS	MS	F value	Pr>F
Blocks	2	0.5185	0.2593	0.76	0.4853
Variety	2	0.9630	0.4815	1.41	0.2740
Salinity	2	4.5185	2.2593	6.59	0.0082
Variety * salinity	4	0.8148	0.2037	0.59	0.6716
Error	16	5.4815	0.3426		
Total	26	12.2963			

R-Square	CV (%)	Root MSE	Mean
0.55	8.00	0.59	7.63

(c) Experiência de estufa

Source	df	SS	MS	F Value	Pr > F
Salinity	2	2.8889	1.4444	13.00	0.0178
Observation	2	1.5556	0.7778	7.00	0.0494
Error	4	0.4444	0.1111		
Total	8	4.8889			

R-Square	CV (%)	Root MSE	Mean
0.91	4.11	0.33	8.11

111. Anova para a percentagem de germinação

(a) Experiência de campo da época 1

Source	df	SS	MS	F value	Pr>F
Blocks	2	16.4546	8.2273	0.20	0.8231
Variety	2	3884.3888	1942.1944	46.53	<.0001
Salinity	2	285.8827	142.9413	3.42	0.0578
Variety * salinity	4	300.6974	75.1743	1.80	0.1780
Error	16	667.8013	41.7376		
Total	26	5155.2248			

R-Square	CV (%)	Root MSE	Mean
0.87	13.00	6.46	49.89

(b) Experiência de campo da época 2

Source	df	SS	MS	F value	Pr>F
Blocks	2	137.8649	68.9324	2.51	0.1125
Variety	2	121.4105	60.7052	2.21	0.1418
Salinity	2	1638.5334	819.2667	29.86	<.0001
Variety * salinity	4	118.0481	29.5120	1.08	0.4011
Error	16	439.0550	27.4409		
Total	26	2454.9119			

R-Square	CV (%)	Root MSE	Mean
0.82	7.90	5.24	66.35

(c) Experiência de estufa

Source	df	SS	MS	F Value	Pr > F
Salinity	2	138.8889	69.4444	0.18	0.8403
Observation	2	555.5556	277.7778	0.73	0.5378
Error	4	1527.7778	381.9444		
Total	8	2222.2222			

R-Square	CV (%)	Root MSE	Mean
0.31	43.97	19.54	44.44

IV. Anova para a contagem de povoamentos às 2 semanas

(a) Experiência de campo da época 1.

Source	df	SS	MS	F value	Pr>F
Blocks	2	6.8889	3.4444	2.53	0.1109
Variety	2	164.2222	82.1111	60.33	<.0001
Salinity	2	1.5556	0.7778	0.57	0.5758
Variety * salinity	4	5.5556	1.3889	1.02	0.4264
Error	16	21.7778	1.3611		
Total	26	200.0000			

R-Square	CV (%)	Root MSE	Mean
0.89	10.00	1.17	11.67

(b) Experiência de campo da época 2

Source	df	SS	MS	F value	Pr>F
Blocks	2	6.741	3.3700	2.25	0.1373
Variety	2	9.852	4.9262	3.29	0.0632
Salinity	2	107.630	53.8151	35.99	<.0010
Variety * salinity	4	3.037	0.7592	0.51	0.7311
Error	16	23.926	1.4953		
Total	26	151.185			

R-Square	CV (%)	Root MSE	Mean
0.84	8.00	1.22	15.26

(c) Experiência de estufa

Source	df	SS	MS	F Value	Pr > F
Salinity	2	0.2222	0.1111	0.18	0.8403
Observation	2	0.8889	0.4444	0.73	0.5378
Error	4	2.4444	0.6111		
Total	8	3.5556			

R-Square	CV (%)	Root MSE	Mean
0.31	43.97	0.78	1.78

V. Anova para o número de povoamentos aquando da colheita

(a) Experiência de campo da época 1

Source	df	SS	MS	F value	Pr>F
Blocks	2	53.5556	26.7778	10.42	0.0013
Variety	2	136.2222	68.1111	26.51	<.0001
Salinity	2	8.2222	4.1111	1.60	0.2326
Variety * salinity	4	3.5556	0.8889	0.35	0.8430
Error	16	41.1111	2.5694		
Total	26	242.6667			

R-Square	CV (%)	Root MSE	Mean
0.83	18.26	1.60	8.78

(b) Experiência de campo da época 2

Source	df	SS	MS	F value	Pr>F
Blocks	2	1.5556	0.7778	0.35	0.7069
Variety	2	48.2222	24.1111	10.99	0.0010
Salinity	2	80.8889	40.4444	18.43	<.0001
Variety * salinity	4	4.8889	1.2222	0.56	0.6970
Error	16	35.1111	2.1944		
Total	26	170.6667			

R-Square	CV (%)	Root MSE	Mean
0.79	12.12	1.48	12.22

(c) Experiência de estufa

Source	df	SS	MS	F Value	Pr > F
Salinity	2	1.5556	0.7778	2.80	0.1736
Obser	2	0.8889	0.4444	1.60	0.3086
Error	4	1.1111	0.2778		
Total	8	3.5556			

R-Square	CV (%)	Root MSE	Mean
0.69	43.12	0.53	1.22

VI. (a) Anova para a altura das plantas

(a) Experiência de campo da época 1

Source	df	SS	MS	F value	Pr>F
Blocks	2	50.8089	25.4044	2.28	0.1345
Variety	2	222.2022	111.1011	9.97	0.0015
Salinity	2	442.1600	221.0800	19.84	<.0001
Variety * salinity	4	26.3378	6.5844	0.59	0.6740
Error	16	178.2578	11.1411		
Total	26	919.7667			

R-Square	CV (%)	Root MSE	Mean
0.81	9.60	3.34	34.78

(b) Experiência de campo da época 2

Source	df	SS	MS	F value	Pr>F
Blocks	2	104.4274	52.2137	4.35	0.0310
Variety	2	32.6363	16.3181	1.36	0.2849
Salinity	2	281.6363	140.8181	11.73	0.0007
Variety * salinity	4	145.8681	36.4670	3.04	0.0485
Error	16	192.0593	12.0037		
Total	26	756.6274			

R-Square	CV (%)	Root MSE	Mean
0.75	9.51	3.46	36.45

(b) Experiência de estufa

Source	df	SS	MS	F Value	Pr > F
Salinity	2	371.8756	185.9378	64.39	0.0009
Observation	2	13.6422	6.8211	2.36	0.2102
Error	4	11.5511	2.8878		
Total	8	397.0689			

R-Square	CV (%)	Root MSE	Mean
0.9	6.25	1.70	27.19

VII. Anova para o tempo até 50% de floração

(a) Experiência de campo da época 1

Source	df	SS	MS	F value	Pr>F
Blocks	2	0.2222	0.1111	0.07	0.9283
Variety	2	8.2222	4.1111	2.77	0.0929
Salinity	2	18.6667	9.3333	6.28	0.0097
Variety * salinity	4	9.7778	2.4444	1.64	0.2118
Error	16	23.7778	1.4861		
Total	26	60.6667			

R-Square	CV (%)	Root MSE	Mean
0.61	2.82	1.22	43.22

(b) Experiência de campo da época 2

Source	df	SS	MS	F value	Pr>F
Blocks	2	2.0000	1.0000	0.86	0.4430
Variety	2	6.2222	3.1111	2.67	0.1001
Salinity	2	17.5556	8.7778	7.52	0.0050
Variety * salinity	4	6.2222	1.5556	1.33	0.3003
Error	16	18.6667	1.1667		
Total	26	50.6667			

R-Square	CV (%)	Root MSE	Mean
0.63	2.51	1.08	43.11

(c) Experiência de estufa

Source	df	SS	MS	F Value	Pr > F
Salinity	2	8.2222	4.1111	1.80	0.2763
Observation	2	0.8889	0.4444	0.20	0.8301
Error	4	9.1111	2.2778		
Total	8	18.2222			

R-Square	CV (%)	Root MSE	Mean
0.50	3.47	1.51	43.56

VIII. Anova para o comprimento das vagens

(a) Estação experimental de campo 1

Source	df	SS	MS	F value	Pr>F
Blocks	2	12.3430	6.1715	1.52	0.2488
Variety	2	12.1696	6.0848	1.50	0.2533
Salinity	2	37.1763	18.5881	4.58	0.0268
Variety* Salinity	4	17.0393	4.2598	1.05	0.4132
Error	16	64.9904	4.0619		
Total	26	143.7185			

R-Square	CV (%)	Root MSE	Mean
0.55	19.40	2.02	10.39

(b) Experiência de campo da época 2

Source	df	SS	MS	F value	Pr>F
Blocks	2	6.8889	3.4444	1.06	0.3682
Variety	2	17.4067	8.7033	2.69	0.0985
Salinity	2	44.3089	22.1544	6.84	0.0071
Variety * salinity	4	5.6044	1.4011	0.43	0.7829
Error	16	51.7911	3.2369		
Total	26	126.0000			

R-Square	CV (%)	Root MSE	Mean
0.59	16.81	1.80	10.70

(c) Experiência de estufa

Source	df	SS	MS	F Value	Pr > F
Salinity	2	8.3889	4.1944	14.09	0.0155
Observation	2	0.2022	0.1011	0.34	0.7308
Error	4	1.1911	0.2978		
Total	8	9.7822			

R-Square	CV (%)	Root MSE	Mean
0.88	9.34	0.55	5.84

IX. Anova para a largura das vagens

(a) Experiência de campo da época 1

Source	df	SS	MS	F value	Pr>F
Blocks	2	0.0424	0.0212	1.90	0.1825
Variety	2	0.0537	0.0269	2.40	0.1223
Salinity	2	0.1143	0.0571	5.11	0.0192
Variety* Salinity	4	0.0245	0.0061	0.55	0.7024
Error	16	0.1788	0.0112		
Total	26	0.4137			

R-Square	CV (%)	Root MSE	Mean
0.56	15.51	0.12	0.68

(b) Experiência de campo da época 2

Source	df	SS	MS	F value	Pr>F
Blocks	2	0.0395	0.0197	1.87	0.1866
Variety	2	0.0110	0.0055	0.52	0.6045
Salinity	2	0.1095	0.0547	5.18	0.0185
Variety * salinity	4	0.0654	0.0164	1.55	0.2363
Error	16	0.1692	0.0105		
Total	26	0.3945			

R-Square	CV (%)	Root MSE	Mean
0.76	14.11	0.10	0.73

(c) Experiência de estufa

Source	df	SS	MS	F Value	Pr > F
Salinity	2	0.1643	0.0821	171.93	0.0001
Observation	2	0.0063	0.0031	6.58	0.0543
Error	4	0.0019	0.0005		
Total	8	0.1725			

R-Square	CV (%)	Root MSE	Mean
0.99	4.36	0.02	0.50

X. Anova para o peso das vagens

(a) Experiência de campo da época 1

Source	df	SS	MS	F value	Pr>F
Blocks	2	48568	24284	0.13	0.8814
Variety	2	797661	398830	2.09	0.1560
Salinity	2	8527748	4263874	22.34	<.0001
Variety* Salinity	4	145883	36471	0.19	0.9400
Error	16	3053453	190841		
Total	26	12573314			

R-Square	CV (%)	Root MSE	Mean
0.76	18.13	436.85	2408.93

(b) Experiência de campo da época 2

Source	df	SS	MS	F value	Pr>F
Blocks	2	329184	164592	0.87	0.4366
Variety	2	469224	234612	1.24	0.3145
Salinity	2	11003688	5501844	29.19	<.0001
Variety * salinity	4	617040	154260	0.82	0.5320
Error	16	3016224	188514		
Total	26	15435360			

R-Square	CV (%)	Root MSE	Mean
0.80	15.97	434.18	2718.00

(c) Experiência de estufa

Source	df	SS	MS	F Value	Pr > F
Salinity	2	4543776	2271888	5.18	0.0776
Observation	2	49248	24624	0.06	0.9461
Error	4	1754784	438696		
Total	8	6347808			

R-Square	CV (%)	Root MSE	Mean
0.72	20.14	662.34	3288.00

XI. Anova para os níveis de sal na experiência de campo

(a) Sódio

Source	df	SS	MS	F value	Pr>F
Reps	2	6.2222	3.1111	1.93	0.2588
Salinity	2	89.5561	44.7778	27.79	0.0050
Error	4	6.4444	1.6111		
Total	8	102.2222			

R-Square	CV (%)	Root MSE	Mean
0.94	10.11	1.27	12.56

(b) Potássio

Source	df	SS	MS	F value	Pr>F
Reps	2	3.5566	1.7778	1.60	0.3086
Salinity	2	112.8889	56.4444	50.80	0.0010
Error	4	4.4444	1.1111		
Total	8	120.8890			

R-Square	CV (%)	Root MSE	Mean
0.95	13.36	1.05	7.89

(c) Níveis de cloreto

Source	df	SS	MS	F value	Pr>F
Reps	2	13.5556	6.7778	6.10	0.0610
Salinity	2	160.2222	80.1111	72.10	<.0010
Error	4	4.4444	1.1111		
Total	8	178.2222			

R-Square	CV (%)	Root MSE	Mean
0.96	7.78	1.05	13.56

XII. Efeito dos métodos de atenuação da salinidade e do nível de salinidade

(a) Experiência de campo da época 1

Source	df	SS	MS	F value	Pr>F
Period	1	0.1380	0.1380	3.28	0.2120
Salinity	2	0.0842	0.0421	1.00	0.5000
Error	2	0.0842	0.0421		
Total	5	0.3065			

R-Square	CV (%)	Root MSE	Mean
0.73	5.48	0.21	3.75

(b) Experiência de campo da época 2

Source	df	SS	MS	F value	Pr>F
Period	1	0.0038	0.0038	8.33	0.1020
Salinity	2	0.3540	0.1770	393.37	0.0025
Error	2	0.0009	0.0005		
Total	5	0.3587			

R-Square	CV (%)	Root MSE	Mean
1.00	0.59	0.02	3.57

(c) Experiência de estufa

Source	df	SS	MS	F value	Pr>F
Period	1	0.0468	0.0468	3.41	0.2059
Salinity	2	0.0274	0.0137	1.00	0.5000
Error	2	0.0274	0.0137		
Total	5	0.1017			

R-Square	CV (%)	Root MSE	Mean
0.73	3.07	0.12	3.81

Esqueleto de tabelas ANOVA

(a) Quadro esquemático da ANOVA para a experiência de campo

Source of variation	**df**	**ss**	**mss**	**F calculated**	**F tabulated**
Block (B)	2				
Variety (V)	2				
Salinity (S)	2				
S*V	4				
Error	16				
Total	**26**				

(b) Tabela ANOVA esquemática para análise laboratorial

Source of variation	df	ss	mss	F calculated	F tabulated
Rep	2				
Season	1				
Error	2				
Total	**5**				

(c) Esqueleto da tabela ANOVA para a experiência da estufa

Source of variation	df	ss	mss	F calculated	F tabulated
Observation	2				
Salinity	2				
Error	4				
Total	**8**				

MIX
Papier aus verantwortungsvollen Quellen
Paper from responsible sources
FSC® C105338

Printed by Books on Demand GmbH, Norderstedt / Germany